U0228473

饮用水水源地生态补偿效益评估方法研究——以磨盘山水库为例

昌 盛 付 青 等 著

科学出版社

北 京

内 容 简 介

本书在系统全面调查评估磨盘山水库流域生态环境质量、污染源状况、生态补偿资金使用情况和工程成效的基础上,结合国内外的研究现状和收集的数据资料情况,构建了磨盘山水库流域生态补偿效益评估指标体系,并采用数学计量模型和价值估算模型建立了生态补偿效益指标实物计量模型和经济价值计量模型,对磨盘山水库水源地生态补偿效益进行评估。另外,本书还评估了生态补偿的可持续性,提出了提升磨盘山生态补偿效益的政策措施。本书是我国首次对地级城市湖库型饮用水水源地生态补偿效益进行量化评估的专著,对完善全国湖库型饮用水水源地生态补偿制度具有较强的示范和借鉴意义。

本书可供流域水环境保护领域从事饮用水水源地环境保护与管理、流域生态补偿机制、环境科学与工程、水利和流域管理等方面的科研人员、工程技术人员、管理人员参阅,并可作为高等院校有关专业师生的阅读和参考用书。

图书在版编目(CIP)数据

饮用水水源地生态补偿效益评估方法研究：以磨盘山水库为例/昌盛等著. —北京：科学出版社,2019.3
ISBN 978-7-03-059932-2

Ⅰ. ①饮… Ⅱ.①昌… Ⅲ. ①饮用水—水源地—生态环境—补偿机制—综合效益—评估方法—研究—中国 Ⅳ. ①X52

中国版本图书馆 CIP 数据核字（2018）第 274948 号

责任编辑：张 震 孟莹莹 / 责任校对：何艳萍
责任印制：吴兆东 / 封面设计：无极书装

科 学 出 版 社 出版
北京东黄城根北街 16 号
邮政编码：100717
http://www.sciencep.com

北京建宏印刷有限公司 印刷
科学出版社发行 各地新华书店经销
*
2019 年 3 月第 一 版 开本：720×1000 1/16
2019 年 3 月第一次印刷 印张：10 1/2
字数：212 000

定价：99.00 元
（如有印装质量问题,我社负责调换）

作者委员会

主任：

    昌　盛　（中国环境科学研究院）

副主任：

    付　青　（中国环境科学研究院）

    刘　枫　（生态环境部对外合作与交流中心）

参加写作人员：

    杨　光　（中国环境科学研究院）

    赵少延　（中国环境科学研究院）

    樊月婷　（中国环境科学研究院）

    张昆林　（哈尔滨市生态环境局）

    王山军　（中国环境科学研究院）

    谢　琼　（中国环境科学研究院）

    遇明义　（哈尔滨市生态环境局）

    王小雷　（哈尔滨市磨盘山水源地环境保护管理办公室）

前　言

　　饮用水水源地关系人民生命财产安全，关乎社会稳定。在水环境保护中，饮用水水源地的保护始终处于首要位置。根据中华人民共和国生态环境部近 10 年来开展的城镇集中式饮用水水源地环境状况评估结果，存在水质超标的饮用水水源地部分为跨界水源地，其水质超标是水源地上游来水水质超标所致。为确保水源地水质安全，亟须开展饮用水水源地生态补偿工作，建立水源地生态补偿效益评估体系尤为迫切。

　　磨盘山水库是黑龙江省供水人口最多、规模最大的湖库型水源地，磨盘山水库水源保护区面积约为 750km²。饮用水水源保护区范围内的林地权属、林政等管理职能归黑龙江省森林工业总局下属的黑龙江省山河屯林业局所有，为加强水源保护，哈尔滨市政府与黑龙江省森林工业总局签订了《哈尔滨市磨盘山水库上游水源地森林停伐协议》，规定自 2012 年起，哈尔滨市政府每年通过财政转移支付方式对山河屯林业局给予停伐补偿。为了对生态补偿实施情况及成效进行综合评估，为后续生态补偿工作机制的建立提供依据。本书以磨盘山水库水源地生态补偿工程措施为研究对象，在全面调查评估生态补偿期间水库流域生态环境质量改善、生态补偿工程成效的基础上，通过分析生态补偿的内涵与服务功能价值，参考生态学、社会学、经济学的理论，结合相关文献采用生态补偿效益评估方法，从生态效益、社会效益和经济效益三个方面构建了磨盘山水库流域生态补偿效益评估指标体系，并采用数学计量模型建立了水源地生态补偿效益指标实物计量模型；本书基于现场监测、查询统计获取的资料信息，对磨盘山水库水源地生态补偿效益进行评估，并采用常用的价值估算方法和模型对磨盘山水库水源地生态补偿效益评估指标的经济价值进行估算，对投资成本与收益进行了比较分析；本书探析了构建磨盘山水库流域生态补偿制度，提出磨盘山水库流域生态补偿的对策建议，为优化磨盘山水库流域生态补偿政策提供依据。本书的评估结果表明，磨盘山水库水源保护区生态补偿直接经济收益与成本比约为 1.18，生态补偿取得了良好的正效益，评估结论能较好地支持磨盘山水库生态补偿制度的建立和不断完善。

　　磨盘山水库水源地生态补偿，是我国地级城市饮用水水源地生态补偿的经典案例。本书开展的水源地生态补偿效益评估，是我国首次对地级城市湖库型饮用水水源地生态补偿效益进行量化评估。本书建立了水源地生态补偿效益评估指标体系和效益指标实物计量模型及经济价值计量模型，对全国湖库型饮用水水源地生态补偿制度的建立及效益评估制度的不断完善，具有较强的示范和借鉴意义。

本书共9章，由昌盛统稿，昌盛、付青、刘枫、杨光、赵少延、谢琼等主笔。具体内容及分工如下：

第1章概述由昌盛撰写；

第2章磨盘山水库流域概况由刘枫、昌盛撰写；

第3章磨盘山水库流域生态环境状况评估由赵少延、昌盛、张昆林撰写；

第4章磨盘山水库流域污染源调查评估由杨光、赵少延、王小雷撰写；

第5章生态补偿工程实施情况与成效由昌盛、杨光、王山军、遇明义撰写；

第6章生态补偿效益评估体系构建由昌盛、杨光、谢琼撰写；

第7章生态补偿效益评估指标的计量与价值估算由杨光、樊月婷、昌盛撰写；

第8章生态补偿可持续性评估与效益提升政策措施由昌盛、付青撰写；

第9章磨盘山水库实施生态补偿的成果与建议由昌盛、刘枫撰写。

本书的编写得到了国家生态环境部水生态环境管理司及重点工程水环境质量保障处的悉心指导；哈尔滨市生态环境局张昆林、黑龙江省山河屯林业局凌长伟、伞桂林和哈尔滨市磨盘山水源地环境保护管理办公室黄连富、王小雷为开展磨盘山水库现场调研和相关资料收集提供了大量帮助；河北师范大学化学与材料科学学院硕士研究生韩向云为本书的完成做了大量而烦琐的工作；中国环境科学研究院苏一兵研究员、哈尔滨工业大学孟宪林、李建政、姚杰教授对本书提出了宝贵建议；国家环境保护饮用水水源地保护重点实验室的全体同事对本书的出版也做出了重要贡献，在此一并感谢！特别指出的是，本书得到了国家生态环境部项目"饮用水水源环境监管"（2110302）、国家自然科学基金项目"厌氧消化系统中丙酸氧化互营共培养体的协同代谢与种间电子传递机制解析"（51508539）、国家水体污染控制与治理科技重大专项课题"饮用水水源水质标准制定技术及重点流域饮用水水源水质安全保障策略"（2014ZX07405001-003）的支持。

受作者在饮用水水源地环境保护和生态补偿领域的认识水平所限，不当之处在所难免，望广大读者批评指正。

作 者

2018 年 12 月

目　　录

第1章 概　　述

1.1　评 估 背 景

近年来，党中央、国务院高度重视横向生态保护补偿机制建设工作，对推进流域上下游横向生态保护补偿机制做出了重要决策部署。《关于加快推进生态文明建设的意见》（中发〔2015〕12号）指出"建立地区间横向生态保护补偿机制，引导生态受益地区与保护地区之间、流域上游与下游之间，通过资金补助、产业转移、人才培训、共建园区等方式实施补偿"。《生态文明体制改革总体方案》（中发〔2015〕25号）进一步明确要"鼓励各地区开展生态补偿试点"。"十一五"以来，我国已有20多个省份相继出台了流域生态保护补偿政策，如辽宁省、浙江省、河北省、山西省、江苏省、广东省、湖北省及江西省已经率先实现了省内全流域生态保护补偿，都取得了较好的成效，流域水环境质量呈现改善趋势，并促进构建流域上下游政府相互协作、共同行动的环保格局（辽宁省人民政府办公厅，2008；浙江省人民政府办公厅，2008；河北省人民政府办公厅，2009；山西省财政厅，2013；江苏省人民政府办公厅，2007；福建省财政厅，2007；河南省人民政府办公厅，2010）。以水质超标"罚款赔偿"和水质达标"奖励补偿"为主要形式的流域生态保护补偿模式成为我国解决流域跨界污染问题的重要手段。虽然我国已在生态补偿方面积累了不少经验，但目前仍处于摸索阶段，生态补偿机制尚不完善，仍需开展大量研究。其中，横向生态补偿标准和生态补偿效益评估体系是生态补偿试点工作中的核心、关键问题，一直是近年来的研究热点。一方面，只有建立上下游均认可的生态补偿标准，才能保证生态补偿的持续实施，否则，上游觉得补偿少而没有保护动力；另一方面，也只有建立好完善的生态补偿效益考核体系，对实施生态补偿取得的效益开展评估和量化考核，才能让下游看到资金投入效益，否则，下游没有持续补偿的意愿。生态补偿效益评估体系直接决定着生态补偿标准的制定，因此，建立生态补偿效益评估体系标准显得尤为关键。

磨盘山水库是哈尔滨市区在用的饮用水水源，是黑龙江省地级城市以上的水源中供水人口最多（承担城市400万人的生活用水）、规模最大的地表水水源地。磨盘山水库除了作为饮用水水源外，还兼具调洪、灌溉、生态用水等其他功能。磨盘山水库属于大（二）型水库，最大库容为5.23亿 m^3，兴利库容为

3.61亿 m³，水库汇水面积 1150km²。水源向哈尔滨市区的设计供水能力为 90 万 m³/d，2014 年实际供水能力约为 85 万 m³/d，自 2015 年起开始为五常市的五常镇供水，供水规模为 3 万 m³/d，计划未来向山河镇供水 1 万 m³/d。保障磨盘山水库流域生态环境质量，特别是水质水量的安全，对保障哈尔滨市区居民饮水安全、社会稳定和经济发展具有重要作用，因此，开展磨盘山水库流域生态环境保护工作意义重大。

2010 年，黑龙江省政府以黑政函〔2010〕58 号文批复磨盘山水库饮用水水源保护区。水源保护区面积约 750km²，占水库汇水面积的 65%。磨盘山水库饮用水水源地坐落在距市区 210km 的五常市（县级市）沙河镇和黑龙江省山河屯林业局管辖区域，磨盘山水库流域汇水面积占山河屯林业局经营面积（20.6 万 hm²）的 55.8% 左右，且水源保护区与山河屯林业局的作业区高度重合，重叠面积高达 95% 左右。由于磨盘山水库饮用水水源保护区内的林地权属、林政等管理职能归黑龙江省山河屯林业局所有，因而开展磨盘山水库饮用水水源地的规范化建设、水源地的执法检查、水源保护区内的污染源整治与管理等各项工作，均需要山河屯林业局的倾力合作。

2010 年，经哈尔滨市环境保护局实地踏查，磨盘山水源一级及二级保护区内存在大面积农田、村屯及林业职工居住区、禽畜养殖、生活污水等污染源，水质隐患风险大。同时，山河屯林业局在水源保护区及汇水区内每年采伐树木数万立方米，这也无疑会使水源地周边地区水土流失、生态环境遭到破坏，进而导致水源涵养能力存在下降风险。因此，急需对水源保护区内的污染源进行清拆与整治，并停止采伐，积极建设水源涵养林，以保障水质安全和生态环境质量良好。

依据《中华人民共和国水污染防治法》和《哈尔滨市磨盘山水库饮用水水源保护条例》，水源一、二级保护区和准保护区内的生产、经营、开发及人类活动均受到严格限制，在准保护区内也不得新建和扩建严重污染水体的生产项目或者改建项目增加排污量，也不得有毁林开荒、破坏植被等行为，特别是《哈尔滨市磨盘山水库饮用水水源保护条例》还提出应当采取工程措施或者建造湿地、水源涵养林等生态保护措施，防止污染物直接排入水体。根据磨盘山水库的环境状况，为保障磨盘山水库饮用水水源地的水质安全和改善生态环境质量，需做好以下工作：一是需要严格控制水源保护区内的生产经营活动，严格执行环境准入制度；二是停止水源汇水区内的森林采伐作业；三是开展污染源环境整治和生态移民搬迁工作；四是大力开展退耕还林、实施水源涵养林建设工程。依据上述规定和要求，山河屯林业局需停止在水源保护区内的采伐作业，并实施退耕还林、植树造林、生态移民及保护区内的污染防治工作。

然而，对黑龙江省山河屯林业局而言，停伐势必直接引发经营活动受损、营业收入减少、林业职工失业、林区人员生活困难等一系列经济和社会问题。另外，因开发建设项目受限,山河屯林业局发展空间被压缩,失去发展机会。为保障磨盘山水库下游哈尔滨市区 400 万人口饮水安全,还需开展水源涵养林、退耕还林、森林抚育等建设工作。简言之,为了保障磨盘山水库饮用水水源地的生态环境质量,山河屯林业局需要在损失经济发展机会成本、林场职工面临失业的情形下,投入大量资金,在水源保护区及汇水区内开展林业建设等生态环境保护工作,以保障水量充足、水源水质安全,进而满足磨盘山水库下游哈尔滨市区居民的生产生活用水需求。而对于山河屯林业局,按要求开展上述工作存在较大的资金和技术缺口。

为了积极有效推动磨盘山水库流域生态环境保护工作,哈尔滨市政府与黑龙江省森林工业总局于 2012 年 3 月 30 日签订了《哈尔滨市磨盘山水库上游水源地森林停伐协议》(下称《协议》),《协议》执行期限为 2011 年 12 月 1 日至 2016 年 11 月 30 日。《协议》规定,哈尔滨市政府一次性补偿 1200 万元以解决山河屯林业局因历史遗留形成的资金难题,并自 2012 年起,每年通过财政转移支付方式给予 3900 万元的停伐补偿金,开展生态补偿工作。《协议》要求山河屯林业局停止在汇水区内的砍伐作业,并开展退耕还林、加大森林管护力度、强化森林防火、整治生活污染源和开展生态移民等工作。同时,按照《协议》要求,哈尔滨市磨盘山饮用水水源地环境保护管理办公室组织相关部门对山河屯林业局履行《协议》情况进行年度核查,以督促《协议》的落实与执行,保障生态补偿工作顺利开展,为磨盘山水库水源地的生态环境保护提供支撑。

自 2011 年 12 月以来,山河屯林业局严格执行《协议》的各项要求,在磨盘山水库汇水区内的磨盘山(部分林班)、奋斗(部分林班)、铁山、凤凰山、长征、永胜、白石砬、曙光 8 个林场(所)大力推进退耕还林和森林抚育工作,通过生态补偿工程的实施,山河屯林业局在磨盘山水源地汇水区内共建设了 146hm^2 的林地,在森林资源保护与生态安全维护上取得了较好的成绩。对《协议》的年度核查结果以及磨盘山水库流域生态环境质量的监测情况表明,前期开展的生态补偿工作局部改善了生态环境,并在一定程度上促进了当地经济社会的发展。

2016 年 11 月 30 日,《协议》已执行到期。由于没有对《协议》开展的生态补偿工作进行综合评估,尚无法评估项目真正带来的经济、社会及生态效益。由于生态补偿涉及多方利益,而对磨盘山水库饮用水水源地生态补偿的工作效益进行客观合理的评估是各方继续合作的基础,且客观与全面的评估必将对磨盘山水库饮用水水源地生态补偿后续建设的成效起到更好的作用。

为了对《协议》要求的工作任务实施情况及成效进行综合评估,为后续生态补偿工作机制的建立提供依据,本书开展了磨盘山水库饮用水水源地生态补偿的效益评估。评估的主要内容:一是对 2012~2015 年开展的生态补偿工作实施情况与成效进行分析;二是通过构建磨盘山水库水源地生态补偿效益评估指标体系,对磨盘山水库水源地生态补偿效益进行全面评估，并采用常用的价值估算法对效益指标的经济价值进行量化计算，分析投资损益；三是对生态补偿的可持续性进行研判，并对后续建设工程的效益提升提出对策与建议。

1.2　评估目标和意义

1.2.1　评估目标

　　磨盘山水库是哈尔滨市的重要生态屏障和重要水源地，生态区位重要。磨盘山水库水源地生态补偿工程也是黑龙江省重要的生态保护和环境建设措施。随着我国对生态保护和环境建设的重视，磨盘山水库水源地生态环境保护工程投资必将逐渐增大。磨盘山水库水源地生态补偿工程自 2011 年 12 月开始建设，停伐协议实施后，磨盘山水库流域内的生态保护与修复成效显著，但由于未对生态补偿涉及的各项工程的整体建设效益进行系统评估，因此，无法科学确定该期生态补偿最终的效果。本书通过对磨盘山水库水源地生态补偿效益进行科学评估，对实施生态补偿的持续性和必要性进行论证，并为生态补偿效益的整体提升提出政策建议并建立制度保障体系。同时，本书通过对磨盘山水库水源地生态补偿效益进行科学评估，对实施生态补偿的持续性和必要性进行论证，并为生态补偿效益的整体提升提出政策建议和建立制度保障体系，从而提高了磨盘山水库水源地生态补偿工程的生态、经济与社会效益，最终实现水源地区域生态改善、林区生产生活质量不断提高的协同发展目标。

1.2.2　评估意义

　　本书以磨盘山水库水源地生态补偿效益评估及发展对策为研究内容，具有重要的现实意义和学术价值。

　　第一，本书具有重要的现实意义。磨盘山水库水源地生态补偿工程的开展关系磨盘山水库流域的生态与环境安全，也关系哈尔滨市经济社会的可持续发展。生态补偿工作是一项投资巨大、投资期长、需要长期资金支持与技术保证的系统工程，对生态补偿产生的效益进行综合评估有利于此项工作更好的开展。生态补偿可以带来多方面的效益，不仅直接体现在预防和治理水土流失、保护和合理利用水土资源、提高土地生产力，还有利于当地的生态系统、社会系统和经济系统的稳定，这就决定了生态补偿效益评估工作具有特殊性。通过建立磨盘山水库水源地生态补偿效益评估体系，科学、客观和系统地评估磨盘山水库水源地生态补偿效益，尤其是生态补偿对流域生态环境条件、水源水质安全、水土流失遏制构成的影响，以及对当地生产生活造成的影响。生态补偿工作的开展有助于进一步分析评估流域生态补偿工作存在的成因及不足，为优化磨盘山水库流域生态补偿政策提供对策建议。

第二，本书具有较高的学术价值。在流域生态保护与环境建设领域，相关的学术研究众多，却缺乏以磨盘山水库为研究区域，对磨盘山水库水源地生态补偿工程效益的系统评估研究，尚无法得出磨盘山水库流域开展的生态补偿（植树造林工程、退耕还林工程）工作成效的科学结果，也使得该领域的研究存在较多不足。本书采用科学的方法，通过构建磨盘山水库水源地生态补偿效益指标体系和效益价值评价模型，在研究方法方面进行的探索可为今后的相关研究提供学术借鉴。

1.3 评估原则和依据

1.3.1 评估原则

为了客观和准确地反映磨盘山水库流域生态补偿区域的真实情况，应科学合理地选择生态补偿效益评估方法，指标的选取应当遵守以下几个原则。

1. 科学合理性和社会认可性原则

磨盘山水库水源地生态补偿效益评估研究，其最终目的是评估实施生态补偿工程的成效，为决策部门制定生态补偿政策和标准提供科学依据。评估方法的选择应科学合理，所涉及的物理量指标应既能反映其效益的本质特征又具有相对独立性，计算方法应规范，以确保评价结果的真实性和客观性。此外，生态补偿效益评估结果应与研究区域的经济发展水平相一致，能得到社会的广泛认可。

2. 时空一致性原则

森林生态效益具有不可储藏的特性，因此，在对某退耕区进行生态效益估算时，只能针对某一特定年份进行计量，各年份的生态效益不能累积计算，但可将各个年份的效益罗列出来进行分析。

3. 主导效益差异性原则

结合各退耕地、造林地的生态环境，林地可分为生态林和经济林两种。生态林的主要目的是发挥生态服务功能并修复脆弱的生态环境，经济林在发挥生态服务功能的同时更侧重于林木的直接经济收入，即兼顾退耕农户的经济效益。因此，生态效益和经济效益估算中应能体现生态林和经济林在主导效益方面的差异。

4. 实用性和可操作性原则

生态补偿的效益估算，其目的是对生态补偿工程的各种效益进行量化并估算出具体价值，用直观的经济价值来体现工程的正相关性，进而为生态补偿提供价值依据。其指标的选取需考虑评估方法具体指标的量化、数据取得的难易程度和可靠性，尽可能利用现有统计资料和数据，力求简单、实用、可量化。

1.3.2 评估依据

评估主要按照以下标准进行。

（1）《哈尔滨市磨盘山水库上游水源地森林停伐协议》。

（2）《中央财政森林生态效益补偿基金管理办法》。

（3）《国务院办公厅关于健全生态保护补偿机制的意见》。

（4）《中华人民共和国环境保护法》。

（5）《中华人民共和国水污染防治法》。

（6）《中华人民共和国森林法》。

（7）《中华人民共和国森林法实施条例》。

（8）《中共中央国务院关于加快林业发展的决定》。

（9）《中共中央国务院关于全面推进集体林权制度改革的意见》。

（10）《国家级公益林区划界定办法》。

（11）《黑龙江省国有重点林区森林抚育补助资金管理办法》。

（12）《哈尔滨市磨盘山水库饮用水水源保护条例》。

（13）《哈尔滨市国民经济和社会发展第十三个五年规划纲要》。

（14）《哈尔滨市"十三五"生态环境保护规划》。

（15）《哈尔滨市城市供水工程专项规划（2010—2020 年）》。

1.4 评估内容、研究方法与数据来源

1.4.1 评估内容

本书以磨盘山水库水源地生态补偿工程措施为研究对象，通过分析生态补偿的内涵与服务功能价值，参考生态学、社会学、经济学的理论，结合相关文献采用的生态补偿效益评估方法，从生态效益、社会效益和经济效益三个方面构建了磨盘山水库流域生态补偿效益评价指标体系，并采用数学计量模型建立了水源地生态补偿效益指标实物量化模型。本书基于现场监测、查询统计获取的资料信息，

对磨盘山水库水源地生态补偿效益进行评估，并采用常用的价值估算方法和模型
对磨盘山水库水源地生态补偿效益评估指标的经济价值进行了估算，对投资成本
与收益进行了比较分析。本书最后探析了如何构建磨盘山水库流域生态补偿制度，
提出磨盘山水库流域生态补偿的对策建议，为优化磨盘山水库流域生态补偿政策
提供依据。

1.4.2　研究方法与数据来源

本书在研究过程中涉及的方法包括以下几个方面：一是文献查阅法，通过文
献查阅，总结国内外已有的研究成果，确定评估报告大纲；二是现场调研法，对
磨盘山水库流域基本情况、补偿资金投入情况，环境质量改善的整体情况进行全
面的调查；三是指标体系法，采用指标体系法建立评价指标体系，尽量包含能反
映实际效益的所有指标，结合实际数据资料，选择可定性或定量评估的指标；四
是模型计算法，建立指标体系后采用不同数学计量公式建立评价模型，进行效益
评估和效益价值估算；五是定量与定性分析法，对评价结果进行成本效益分析，
采用的具体分析方法有定量与定性分析法。定量分析法是以调查或者统计的资料
数据为基础，选择合适的数学模型，将数据套用到数学模型中，得到最终结果的
方法。定性分析法主要依靠实践历史经验主观判断来分析生态补偿的效益，是一
种预测方法，能对事物的性质和发展趋势进行定性预测与评价。

本书开展评估的数据来自两个方面：一是资料调研数据，这部分数据主要来
自《中国统计年鉴》《中国林业统计年鉴》《中国水利统计年鉴》《中国农业年鉴》
等，以及以林业生态补偿监测指标（如林木蓄积量、森林抚育面积、泥沙、水质、
土壤等）为主要内容的各类监测公报；二是现场调查数据，如相关水文监测资料
主要来自磨盘山水文监测站常年监测数据，水质监测数据来自哈尔滨市环境监测
中心站常年监测数据，土壤肥力、土壤厚度、降雨特性、面源污染、粮食产量、
畜牧产值、木材储量、人均收入部分数据均来自研究区的统计年鉴。

1.5　技　术　路　线

本书结合磨盘山水库流域实际情况，收集资料和调查数据。首先，分析确定
磨盘山水库流域生态补偿效益评估的指标体系，根据实际的数据资料，构建生态
补偿效益评估指标体系；其次，利用模型对生态补偿的效益进行评估，对该区域
生态补偿效益进行价值估算；最后，提出提升生态补偿效益的对策建议。研究遵
循的技术路线如图 1-1 所示。

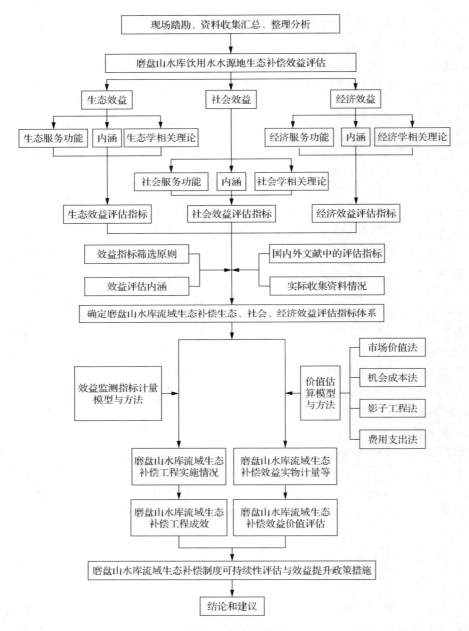

图 1-1　技术路线图

第 2 章　磨盘山水库流域概况

2.1　磨盘山水库饮用水水源地基本状况

磨盘山水库于 2003 年 4 月 20 日开工建设,至 2007 年 11 月主体工程全部完工,实现了 2004 年 9 月 28 日大坝截流、2005 年 9 月 25 日下闸蓄水、2006 年 9 月 30 日试供水的三个重要阶段性目标。磨盘山水库供水工程于 2009 年 11 月完成配水管网二期工程建设,至此实现了 90 万 m³/d 的配送任务,实现了哈尔滨市民全部饮用磨盘山优质水的目标。

磨盘山水库是多年调节性水库,水库正常蓄水位 318.00m,死水位 304.50m,正常蓄水位时水库面积为 28.62km²。设计洪水位 319.69m,校核洪水位 323.26m。设计总库容为 5.23 亿 m³,正常蓄水位库容为 3.56 亿 m³,死库容为 0.91 亿 m³,其中调节库容 3.23 亿 m³、防洪库容 0.33 亿 m³、调洪库容 1.62 亿 m³。日供水 90 万 t,水量利用系数达 73.6%。

磨盘山水库为哈尔滨市设计供水量为 90 万 m³/d,考虑 1.10 的日变化系数、3% 的净水厂自用水及 3% 的输水管线漏失率,经计算,磨盘山水库向哈尔滨市的毛供水量为 3.168 亿 m³/a,向山河镇毛供水量 0.06 亿 m³/a,向五常镇毛供水量 0.144 亿 m³/a,磨盘山水库城镇毛供水量(出库)为 3.372 亿 m³/a。

磨盘山水库在满足拉林河干流现有水田灌溉面积 200.60km² 的同时,还能采取补偿灌溉等方式,扩大水田灌溉面积 79.40km²,远期水田灌溉面积达到 280km²。

为了满足磨盘山水库下游沙河子、向阳山、金马等乡镇非灌溉期生活用水需求及环境用水要求,非灌溉期(9 月~次年 4 月)为水库下游沙河子、向阳山、金马等乡镇提供生活及环境用水总量 1308 万 m³/a。

水库淹没耕地 2304.67hm²,淹没林地 819.53hm²,迁移人口 6334 人,淹没房屋 83 016m²,五常市沙河子镇移民安置以分散安置为主,投亲靠友为辅,兼顾其他形式。山河屯林业局职工移民安置为受水库淹没林场整建制搬迁。

水库建成后,溪浪河口以上拉林河干流堤防由现状 10 年一遇防洪标准(吉林省舒兰市金马堤防不到 P=10%)提高到 80 年一遇;堤防消险加固达到 20 年一遇标准后,与水库联合运用防洪标准提高到超 100 年一遇。磨盘山水库与龙凤山水库、亮甲山水库联合调度,对拉林河下游地区起到一定的削峰、错峰作用。

按照《黑龙江省人民政府关于调整哈尔滨市磨盘山水库饮用水水源保护区范

围的批复》（黑政函〔2010〕58 号）的规定，磨盘山水库饮用水水源保护区划分为一级保护区、二级保护区和准保护区。其中一级保护区面积为 45.7km^2，二级保护区面积为 206.97km^2，准保护区面积为 378.569km^2。水源保护区划分如图 2-1所示。

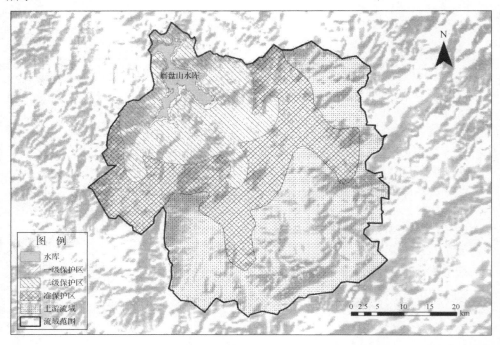

图 2-1　磨盘山水库饮用水水源保护区划分图

2.2　山河屯林业局基本情况

山河屯林业局隶属于黑龙江省森林工业总局、松花江林业管理局，是黑龙江省森工国有林区的大二型林业企业，开发于 1895 年，建局于 1948 年，经营总面积 2064.09km^2，有林地面积 1814.10km^2、蓄积 21 663 746m^3，森林覆盖率 87.9%。因地理条件优越，施业区内物种丰富，品种齐全，高等植物 955 种，以"三大硬阔"与红松为代表的针阔混交林，施业区号称天然东北植物园。有野生动物 343种，国家Ⅰ级重点保护野生动物 7 种，国家Ⅱ级重点保护动物 33 种。建局以来，经过半个多世纪的奋发图强、艰苦创业，历经国民经济恢复、调整和十一个五年计划时期，特别是在改革开放、市场经济中，产业产品结构发生了巨大变化。

全局现有人口 4 万多人，在册职工 5382 人，人均月工资 2082 元左右。拥有固定资产 31 776 万元，资产总额 50 574 万元，负债总额 22 166 万元，资产负债率为 43.83%。截至 2016 年，经过 60 多年建设和发展，现已形成营林生产、木材采运、林产工业、多种经营、生态旅游等多业并举，林、工、商、农、文教、卫生全面发展，全民、三资、个体等多种经济共存的综合性森工企业，已形成一个较完整的林区社会体系，林业局下设基层单位 38 个，其中山上林场（所）14 个，直属中、小、幼学校 3 所，职工医院 1 所，街道社区、城建环卫、供热供水、公检法司社会化服务齐全。

　　山河屯林业局施业区总面积 20.6 万 hm²，按照《哈尔滨市磨盘山水库上游水源地森林停伐协议》要求，于 2011 年 12 月 1 日对磨盘山水库上游汇水区域森林全面停止林木采伐生产。汇水区域分布有 8 个林场（所），其中奋斗实验林场（寒松部分）汇水面积 35.52km²，铁山森林经营所汇水面积 288.72km²，磨盘山森林经营所汇水面积 65.45km²，凤凰山森林经营所汇水面积 249.35km²，长征森林经营所汇水面积 61.94km²，曙光森林经营所汇水面积 187.97km²，永胜森林经营所汇水面积 132.93km²，白石砬森林经营所汇水面积 129.68km²，汇水区总面积 11.5 万 hm²，停伐面积占山河屯林业局经营总面积的 55.8%。因而，停伐对山河屯林业局的生产生活造成了巨大影响。

2.3　流域自然环境状况

2.3.1　地理位置

　　磨盘山水库地处黑龙江省五常市，位于拉林河上游，同时是拉林河干流最上一级的水库，坝址位于五常市沙河子乡沈家营村上游 1.8km 处，距河口 330km。坝址距哈尔滨市区约 180km，水库坝址以上流域面积 1151km²。

　　五常市位于黑龙江省南端，属哈尔滨市管辖，位于东经 126°33′～128°14′、北纬 44°04′～45°26′。全市总面积 7512km²，总面积的 96% 在拉林河流域。东部与黑龙江省尚志市接壤，东南部和海林市隔山相望，东北部与阿城毗邻，北部与双城市相接，南部、西部与吉林省舒兰、榆树两市搭界。五常市域由东南向西北呈狭长形，纵长约 180km，平均宽度 41km。地势东南高西北低，东南部为山区，西北部平原最低。水源地位置见图 2-2。

2.3.2　气候概况

　　磨盘山水库集水区域属中温带大陆性季风气候，春季多风沙，降水少，常发生春旱；夏季短促且炎热，日照长，气温高，雨量集中，易造成洪涝灾害；秋季凉爽而晴朗；冬季漫长而寒冷，干旱少雪。坝址处多年平均气温 3.46℃，最高气温 35.5℃，最低气温-39.0℃。全年日照时数 2400～2600h，全年太阳辐射约为 120kcal[①]/cm^2，无霜期 110～140d，初霜在 9 月下旬，终霜在 5 月中旬。封冻日期自 10 月下旬至次年 5 月下旬，约 190d，最大冻深 2m 左右。库区多年平均风速为 2.8m/s，春季最大，平均为 3.6m/s。主导风向为南风，南风频率最高，为 13%，西南风次之，为 12%。

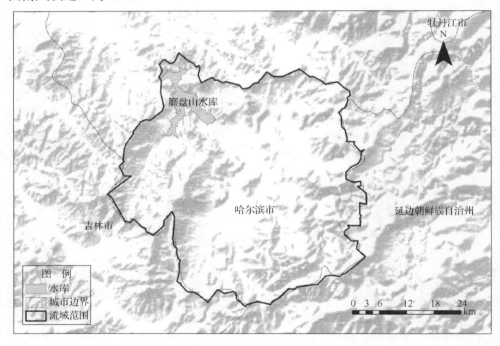

图 2-2　水源地地理位置示意图

流域年降水量自东南向西北递减，多年平均年降水量为 500～800mm，东南部山区为 800mm，西北部平原为 500mm；年内降水分配不均，多集中在 6～8 月，约占全年降水量的 70%。全年降水日数为 100d 左右，最大日降水实测为 198.5mm。多年平均年水面蒸发量为 1200～1300mm，平均相对湿度为 71%，最大积雪深度为 35cm。

2.3.3　地貌概况

磨盘山水库枢纽工程地处长白山系张广才岭南段西北麓之低山区，最高山峰

---

① 1cal$_{th}$（化学卡）=4.184J。

海拔高程达 868m，最大相对切割深度约为 500m，地形总趋势为东南高、西北低；拉林河自东南流向西北，河谷多呈不对称的"U"字形，地面坡降约为 3.8‰，河曲发育，河床宽度一般在 30～80m，支流发育，呈树枝状水系；河床两侧发育有河漫滩，宽 0.3～3.6km，继续分布有一级阶地，河谷两侧均为低山，右岸多为陡岸，坡度 30°左右，左岸一般较缓，于低山前缘断续分布有山前倾斜台地，坡度一般在 10°～20°。

磨盘山水库为典型的河道型水库。水库干流回水长 13km 左右，坝址以上的库区淹没范围内有较大支流大沙河、洒沙河（又称三岔河）等汇入。

2.3.4　地质概况

磨盘山水库所在区内发育的构造形迹主要有华夏系构造、东西向构造、北西向构造、新华夏系构造、华夏式构造、旋扭构造等。

1. 地层与侵入岩

（1）地层。地层主要为更新统坡积、洪积层，分布于山前倾斜台地，岩性为黄褐、黑褐色碎石混合土、卵石混合土，厚度一般在 4～6m，最大可达 41m。上更新统冲洪积层分布于一级阶地部位，上部为黄色低液限黏土，下部为卵石混合土，总厚度在 10m 左右。全新统冲洪积层分布于河漫滩，上部为黄色低液限黏土，下部为卵石混合土，夹含细粒土细砂透镜体，厚度 8～10m。

（2）侵入岩。区内发育有印支期及燕山早期侵入岩，分布广泛，构成山体及河谷基底。

2. 水文地质条件

基岩裂隙水赋存于岩石裂隙中，分布不均，主要补给来源为大气降水入渗，排泄于山前台地和河漫滩之中，或以泉的形式流出。

第四系松散层孔隙水，主要赋存于山前台地的卵石混合土层以及一级阶地、河漫滩的卵石混合土、级配不良砾、砂层中。主要补给来源为大气降水入渗或侧向径流，以蒸发和径流方式排泄，与地表水水力联系密切。

2.3.5　土壤类型

磨盘山水库区域位于大兴安岭褶皱山带和长白山兴安岭褶皱山带中间台地上，土壤种类繁多，有 9 个土类、29 个亚类、33 个土属、59 个土种，主要土壤类型有暗棕壤、白浆土、黑土、草甸土和水稻土五类。土壤呈现出带状分布规律，东南部山区分布暗棕壤，黑土层薄、肥力较高、适合林业生产，是林区的主要土壤；中部丘陵和高，平原区有白浆土、黑土分布，逐步向西北过渡到黑土带。山地土壤多为暗棕壤，其他土壤类型多分布在山前台地、河谷阶地、河漫滩等处，多数已开垦为农田，是库区主要的农业土壤。其中，丘陵和山前洪积台地分布着白浆土；漫川漫岗和潜水位的平坦地是黑土分布区；草甸土则分布在河漫滩、河谷阶地和山间沟谷平坦地；水稻土多分布在水源充足、排灌便利、地势平坦的地区。

水库流域内的土壤主要由亚高山草甸土、棕色针叶林土、暗棕壤、沼泽土与典型河流土等构成，垂直地带性分布明显。暗棕壤是该区的主要土壤类型，在暗棕壤中有原始暗棕壤、草甸暗棕壤和典型暗棕壤。典型暗棕壤又可划分为薄层暗棕壤、中层暗棕壤和厚层暗棕壤三种。

1. 垂直分布

（1）亚高山草甸土：仅分布在海拔 1400m 以上的大河身东秃顶子山、永胜大顶子山上。

（2）典型棕壤土：分布在海拔 300～1200m 的地带。

（3）薄层典型暗棕壤：分布在海拔 800～1200m 的地带。

（4）中层典型暗棕壤：分布在海拔 500～800m 的地带。

（5）厚层典型暗棕壤：分布在海拔 300～500m 的地带。

（6）草甸暗棕壤：分布在海拔 300～500m 的地带。

（7）草甸沼泽土、沼泽化草甸土：基本上分布在海拔 200～400m 的地带。

2. 水平分布

（1）亚高山草甸土：仅分布在东部中山到三大高山顶部地带。

（2）棕色针叶林土：仅分布在中山区的大河身上部地带。

（3）典型棕壤土：是分布面积最大、最广的土类。

（4）草甸沼泽土：除大河身、长青等场所外，其他各场所均有分布。

（5）沼泽化草甸土：仅在胜利、永胜两地有少量分布。

2.4　流域社会经济状况

"十二五"期间，山河屯林业局经营方式实现了大转变，林区建设发生了大变化。2014 年 4 月 1 日，全面停伐结束了"百年老局"单一的木材生产历史；第三产业蓬勃兴起，多种经营硕果累累，结束了"靠大木头吃饭"的历史；森林旅游锦上添花，填补了企业发展的空白，结束了单一经济结构的历史；集体供暖结束了各家各户小锅炉、小火炕、小烟筒的历史；自来水净化结束了水质不达标的历史；棚户区改造，局址主城区职工住进了楼房，大大地改善了职工居住条件，结束了低矮陈旧的平房劈柴烧火、冬冷夏潮的历史；全局集中办学、山上学校"摘帽"，结束了林区分散办学的历史；新建休闲公园结束了职工群众没有休闲去处蹲马路的历史；建立综合服务大厅，方便职工群众办事，结束了林区百姓办事难的历史；"十二五"期末，通往山上道路全部实现硬质化，结束了山上职工群众出行难的历史。

"十二五"期间主要经济指标屡创新高。产业总产值 402 205 万元，比"十一五"期间增长 83.14%。其中营林产业 3493 万元，比"十一五"期间增长 4.36%；木材采运 46 953 万元，比"十一五"期间增长 10%；林产工业 23 169 万元，比"十一五"期间增长 57.19%；森林食品业 14 322 万元，比"十一五"期间增长 139.53%；种植业、养殖业 92 039 万元，比"十一五"期间增长 78.46%；药业 32 928 万元，比"十一五"期间增长 55.10%；森林旅游业 11 754 万元，比"十一五"期间增长 85.40%；其他产值 177 548 万元，比"十一五"期间增长 140.82%。产业结构比例由 2010 年的 43.33：35.10：21.56 到 2015 年的 32.61：18.49：48.89。其中第一产业 145 753 万元，增长 45.71%；第二产业 95 501 万元，增长 60.89%；第三产业 160 951 万元，增长 395.54%。数据体现了由第一产业为主导产业到第三产业为支柱产业的蓬勃发展。

"十二五"期间森林资源实现稳步增长。活立木总蓄积 2143 万 m^3，增长 3%；森林蓄积 2106 万 m^3，增长 3.2%；森林面积 18.22 万 hm^2，增长 0.2%；森林覆盖率 88%，增长 0.1%；林地生产率 109m^3/hm^2，增长 1.1%；森林年生长量 70 万 m^3，增长 3.3%；更新造林 44.46km^2，增长 15.7%；造林成活率达到 98% 以上；森林抚育 553.33km^2，增长 26.6%；管护面积 19.56 万 hm^2，增长 1.8%。

"十二五"期间木材生产销售连创佳绩。木材生产销售实现数字化信息管理。"十二五"期间比"十一五"期间累计少销售木材 356 570m^3，累计多创利润 7618 万元。

"十二五"期间生态旅游产业迅猛发展，实现了产业转型的历史性突破，培育了新的经济增长点。旅游业紧紧围绕创建"国内一流景区、旅游兴山、旅游强企"的三大目标，攻坚克难、开拓进取、励精图治，旅游经济效益和社会效益取得了显著成就。

2.4.1　流域行政区划

磨盘山水库流域上游主要分布山河屯林业局 7 个林场（所）和五常市沙河子镇 3 村 9 屯。行政区划如表 2-1 所示。

表 2-1　磨盘山水库水源保护区内行政村屯及林场分布情况

分级	所在行政区域	所在村/林场（所）	所在屯或地区
水源一级保护区	—	—	—
水源二级保护区	五常市	三人班村	三人班屯、王家街屯
		大柜村	大柜屯、新建屯、大桥屯
		福太村	福太屯、四间房
	山河屯林业局	工农森林经营所	
水源准保护区	五常市	福太村	亮甸子屯
			大杨树屯
	山河屯林业局	白石砬森林经营所	—
		永胜森林经营所	—
		长征森林经营所	—
		凤凰山森林经营所	—
		铁山森林经营所	—
		曙光森林经营所	—

　　2016 年，一级保护区内无村屯，二级保护区内有三人班村（王家街屯和三人班屯）、大柜村（大柜屯、大桥屯、新建屯）、福太村（福太屯和四间房）和工农森林经营所，共有居民 1580 户，常住人口 5124 人。准保护区内有长征森林经营所、凤凰山森林经营所、铁山森林经营所、永胜森林经营所、白石砬森林经营所、曙光森林经营所 6 个林场（所）和福太村（大杨树屯和亮甸子屯），共有居民 5801 户，常住人口 13 776 人。各村屯林场（所）总体分布情况如图 2-3 所示。

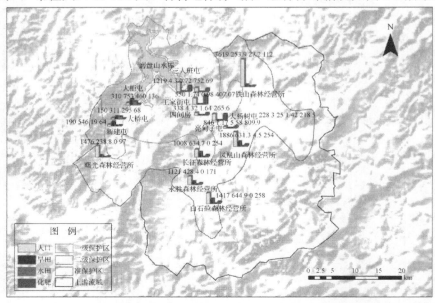

图 2-3　2016 年磨盘山水库流域内存在的村屯及森林经营所分布情况
因福太屯数据较小图中未进行统计

2.4.2　流域社会经济特征

2011～2016 年，磨盘山水库保护区内的主要社会经济指标具体情况见表 2-2，保护区内社会经济发展指标变化趋势见图 2-4。

表 2-2　流域社会经济情况调查一览表

指标	2011 年	2012 年	2013 年	2014 年	2015 年	2016 年
国内生产总值/万元	70 697	79 566	91 950	101 457	109 138	117 612
国内生产总值增长率/%	—	12.5	15.6	10.3	7.6	7.8
第一产业总产值/万元	21 949	25 660	34 302	35 500	36 656	23 141
第一产业占生产总值百分比/%	31	32	37	35	34	20
第二产业总产值/万元	20 639	18 370	15 528	20 805	19 059	23 413
第二产业占生产总值百分比/%	29	23	17	21	17	20
第三产业总产值/万元	26 749	35 536	42 120	45 152	53 423	71 058
第三产业占生产总值百分比/%	38	45	46	45	49	60
人均 GDP/万元	4.33	4.66	5.39	6.00	6.54	7.74

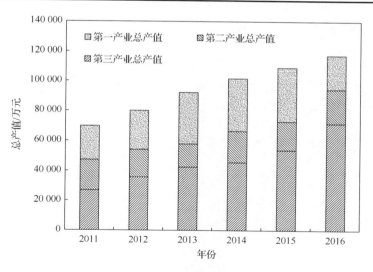

图 2-4　保护区内社会经济发展指标变化趋势柱状图

由表 2-2 可知，流域内国内生产总值呈逐年增加趋势，与 2011 年相比，2016 年国内生产总值由 70 697 万元增加到 117 612 万元，增幅近 67%。主要特点如下：

（1）第一产业总产值呈现总体小幅上升趋势。在国内生产总值中的比例由 2011 年的 31%上升至 2015 年的 34%，但因 2016 年山河屯林业局所管辖水库保护区内第一产业总值大幅度减小，第一产业总产值占比也大幅降低，仅为20%。

（2）自2012年在流域内实施了采伐生态补偿协议，严格禁止在汇水区内采伐树木，关停了部分木材经营所等企业，第二产业总产值在2011年后迅速减小，但随着经济结构调整，总产值自2013年后呈增加趋势。但第二产业总产值所占比例仍然较小，并呈微幅下降趋势。自2011年由29%占比下降至2012年23%后，继续呈总体小幅下降趋势，2013～2016年，占比为17%～21%。

（3）第三产业总产值呈现逐年上升趋势，且发展较为迅速，在国内生产总值中的比例由2011年的38%上升至2016年的60%，主要是旅游业带动了住宿餐饮业的迅速发展。

（4）总体分析，汇水区内的社会经济发展较为迅速，且主要受森林旅游业发展带动；第一产业总产值自2013年开始，基本持平了3年，至2016年大幅度减小；第二产业占比在2012年下降至23%，2012年至2016年较为平稳。

调查结果显示，库区、库周形成了以旅游服务业为主导，以农林经济为支柱的产业经济格局。农林经济中，农业以种植业为主，主要作物有水稻、玉米、高粱和一些经济作物；林业生产以育林、营林为主。库区流域内工业基础薄弱，乡镇企业不发达，乡镇企业主要有黑龙江省山河屯林业局凤凰豆制品加工厂以及三人班村的酒厂、制米厂等。库周社会经济总体特点是旅游业飞速发展，种植业比例偏大，产业结构不合理，农副产品和林产品深加工能力不足，资源合理开发利用程度不高。

综上所述，近几年来，磨盘山流域社会经济结构发生转型，流域社会经济的发展基本形成了以旅游产业为主导，以农业为支柱，以木材加工经营、林下经济为优势产业的格局。

2.4.3 流域社会经济压力

1. 人口密度

根据近几年关于人口的统计情况，截至2016年，流域内有农业户籍人口约0.68万人，非农业户籍人口（主要是林业人口）约1.06万人。在2011～2016年，流域内户籍人口数和常住人口呈现总体平稳、微幅下降趋势。户籍人口由2011年的18 378人减少到2016年的17 283人，常住人口由2011年的16 318人减少到2016年的15 203人（图2-5）。

2011～2016年，磨盘山水库流域的总人口密度总体保持平稳，2011年，磨盘山水库流域的总人口密度约为14人/km^2，而2016年磨盘山水库流域的总人口密度约为13人/km^2，基本不变，流域人口密度变化如图2-6所示。

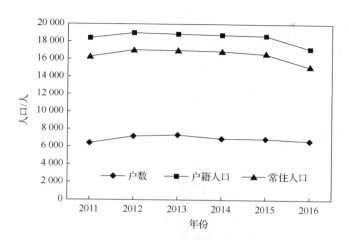

图 2-5　2011～2016 年磨盘山水库流域人口变化图

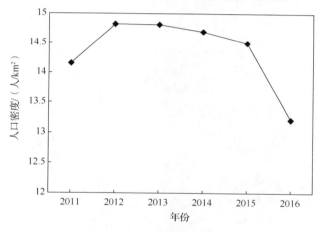

图 2-6　2011～2016 年磨盘山水库流域人口密度变化图

2. 人均 GDP

汇水区内人均 GDP 呈逐渐增加趋势，自 2011 年的 4.33 万元/人增加至 2016 年的 7.74 万元/人，与 2016 年全省人均 GDP 4.05 万元/人相比，较为发达（图 2-7）。

3. 土地利用状况

磨盘山水库坝址以上流域面积为 1151km^2，其中水源保护区面积为 631.24km^2，占流域面积的 54.8%，准保护区至汇水范围内的面积为 519.76km^2。对 2015 年 7 月的卫星图片进行遥感解译，土地利用类型情况如图 2-8 所示。

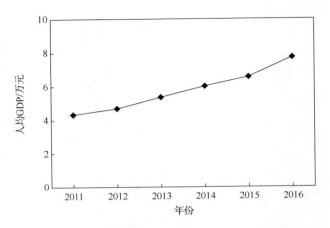

图 2-7　2011～2016 年磨盘山水库流域人均 GDP 变化图

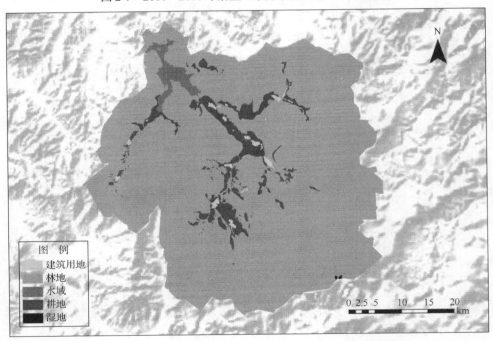

图 2-8　2015 年磨盘山水库流域土地利用类型解译效果图

　　根据计算，磨盘山水库保护区和汇水区域内主要以林地为主，分别占比为 83.62% 和 90.67%。其次为耕地（水田 0.73%，旱地 4.69%）。一级保护区内有耕地 0.932km^2，即 93.2hm^2；二级保护区内有耕地 28.063km^2，即 2806.3hm^2；准保护区内有耕地 29.178km^2，即 2917.8hm^2。保护区内耕地总面积为 5817.3hm^2，占保护区总面积的 9.31%，其中旱地占比为 7.96%，水田占比为 1.35%。水库汇水区域内总耕地面积为 6242.5hm²，占水库坝址以上流域面积的 5.4%。

本调查对获取的 2010 年 7 月的卫星图片也进行了遥感解译，结果如图 2-9 所示。与 2010 年相比，2015 年流域内林地面积增加 6.39hm²，耕地减少 4hm²，建筑用地增加 2.82hm²。这是因为，自 2012 年实施生态补偿以来，水源保护区全面禁伐，林地严格禁止采伐，林地未减少，但因经济发展，流域内建筑用地略有增加。

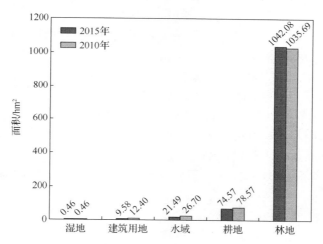

图 2-9 2015 年与 2010 年磨盘山水库流域各类土地面积比较图

2.5 流域自然资源状况

1. 林业资源

山河屯林业局经营总面积 206 409hm²，活立木总蓄积 22 243 340m³。其中有林地面积 181 410hm²、蓄积 2 166 3746m³，无立木林地 2935.8hm²、未成林地 248hm²、疏林地 9hm²、灌木林地 18hm²，江河湖泊 2080hm²。森林覆盖率 87.9%，有林地公顷蓄积 109.6m³，林分平均郁闭度 0.6，林分平均公顷株数 970 株，单株材积 0.1175m³。

在有林地面积蓄积中，按起源划分：天然林面积 160 685.9hm²、蓄积 18 975 627m³，占有林地面积 88.58%、蓄积 87.59%；人工林面积 20 724.1hm²、蓄积 2 688 119m³，占有林地面积 11.42%、蓄积 12.41%。

在有林地面积蓄积中，按林种划分：防护林面积 127 223.9hm²、蓄积 15 249 561m³，占有林地面积 70.14%、蓄积 70.39%；用材林面积 12 757hm²、蓄积 1 309 706m³，占有林地面积 7.03%、蓄积 6.05%；特用林面积 39 803.2hm²、蓄积 4 931 492m³，占有林地面积 21.94%、蓄积 22.76%；其他林种面积 1625.9hm²、蓄积 172 987m³，占有林地面积 0.89%、蓄积 0.80%。

在有林地面积蓄积中，按龄组划分：幼龄林面积 32 999.9hm²、蓄积 3 875 918m³，占有林地面积 18.19%、蓄积 17.89%；中龄林面积 103 397hm²、蓄积 11 850 521m³，占有林地面积 57.00%、蓄积 54.70%；近熟林面积 38 230.1hm²、蓄积 4 980 172m³，占有林地面积 21.07%、蓄积 22.99%；成熟林和过熟林面积 6783hm²、蓄积 957 135m³，占有林地面积 3.74%、蓄积 4.42%。

在有林地面积蓄积中，按经营区划分：国家级公益林面积 112 566.4hm²、蓄积 14 103 666m³，占有林地面积 62.05%、蓄积 65.11%；一般公益林面积 54 460.7hm²、蓄积 6 077 297m³，占有林地面积 30.02%、蓄积 28.05%；商品林面积 14 382.9hm²、蓄积 1 482 693m³，占有林地面积 7.93%、蓄积 6.84%。

在有林地面积蓄积中，国家级公益林按保护等级划分：国家一级公益林面积 47 524hm²、蓄积 6 134 210m³，占有林地面积 26.20%、蓄积 28.32%；国家二级公益林面积 53 930.4hm²、蓄积 6 526 675m³，占有林地面积 29.73%、蓄积 30.13%；国家三级公益林面积 11 112hm²、蓄积 1 442 871m³，占有林地面积 6.12%、蓄积 6.66%。

母树林、种子园情况：母树林 2582hm²，其中天然林 2023hm²、人工林 559hm²；红松母树林 239.9hm²，其中天然母树林 11hm²、人工母树林 228.9hm²。种子园 7.4hm²。

2. 水资源

流域内分布的主要河流为拉林河及其最大支流牤牛河，流程都在 200km 以上。拉林河的一级支流有 15 条、二级支流有 14 条、三级支流有 274 条，施业区内河长 183km，平均宽度 10m 以上，流域面积 374km²。平均水深 35～40cm，年径流量 9 亿 m³，地表水化学类型主要为重碳酸钙型，矿化度为 0.05～0.43g/L，属于淡水。pH 值 7～7.3，属于中性或弱碱性水，地表水水温 12～18℃。

3. 矿产资源

流域内已发现矿产资源 2 种：金和多金属矿、钨和多金属矿。

4. 耕地资源

截至 2016 年，耕地总面积 236 158.5 亩[①]，其中侵权占地 113 452.5 亩，享受

---

① 1 亩 ≈ 666.7m²

"综合补贴"面积 9784.16 亩,享受"良种补贴"面积 79 888.85 亩,剩余的部分是没有享受"两补"的面积。

5. 野生动植物资源

野生动物有脊椎动物 284 种,其中两栖类 10 种,爬行类 13 种,鸟类 210 种,兽类 51 种。

国家重点保护鸟类有 29 种,其中国家一级保护鸟类 4 种,即东方白鹳、黑鹳、中华秋沙鸭、金雕;国家二级保护鸟类 25 种,即鸳鸯、凤头蜂鹰、黑鸢、苍鹰、雀鹰、松雀鹰、大鵟、普通鵟、毛脚鵟、鹊鹞、白腹鹞、游隼、燕隼、红脚隼、红隼、灰背隼、花尾榛鸡、红角鸮、领角鸮、雕鸮、猛鸮、花头鸺鹠、长尾林鸮、短耳鸮、长耳鸮。

国家重点保护兽类有 10 种,其中国家一级保护兽类 3 种,即东北虎、紫貂、原麝;国家二级保护兽类 7 种,即斑羚、棕熊、黑熊、黄喉貂、马鹿、水獭、猞猁。

黑龙江省地方重点保护动物有 37 种,其中两栖类 4 种,爬行类 3 种,鸟类 30 种。

全局林蛙养殖有 256 户,面积 27 294.75hm^2。

野生植物有 940 种,国家保护野生植物有 7 种,其中国家一级保护植物 1 种,即东北红豆杉;国家二级保护植物 6 种,即红松、黄菠萝、紫椴、钻天柳、野大豆、水曲柳。

主要经济植物有 31 种,其中药用植物 8 种,即刺五加、暴马丁香、五味子、平贝母、胡桃楸、延胡索、月见草、天麻;食用植物 6 种,即薇菜、蕨菜、刺嫩芽、黄瓜香、猴腿(水蕨菜)、水蒿(柳蒿);饲料植物 3 种,即蒿子、大蓟、小蓟;油料植物 3 种,即胡枝子、接骨木、月见草;纤维植物 1 种,即芦苇;单宁植物 3 种,即落叶松、柞树、珍珠梅;蜜源植物 7 种,即椴树、胡枝子、红丁香、暴马子丁香、辽东丁香、毛辽东丁香、珍珠梅等。

山野菜有 5 种,主要有薇菜、蕨菜、刺嫩芽、猴腿(水蕨菜)、水蒿(柳蒿)。

6. 旅游资源

(1)自然保护区。

黑龙江大峡谷国家级自然保护区位于黑龙江省五常市东南部,张广才岭西坡高山地带。地理坐标为东经 127°49′16″~128°05′49″、北纬 44°03′34″~44°18′20″,总面积 249.98km^2,它是以典型的黑龙江东部山地森林生态系统及其栖息于此的原麝、斑羚、紫貂、东北虎,以及生长于此的红松、紫杉等珍稀濒危野生动植物为主要保护对象的国家级自然保护区。

（2）湿地资源。

永久性河流面积 347.55hm²、草本沼泽面积 1542.03hm²、灌丛沼泽面积 305.27hm²、森林沼泽面积 1944.74hm²、人工湿地（库塘）面积 2761.49hm²。

湿地动物 159 种，其中鱼类 59 种、鸟类 54 种、两栖类 7 种、爬行类 5 种、兽类 34 种。

（3）各类公园。

凤凰山国家森林公园为国家 AAAA 级旅游景区。公园分南北凤凰山两大景区，其中南凤凰山地理坐标为东经 127°57′01″～128°15′46″、北纬 44°33′06″～44°20′28″；北凤凰山地理坐标为东经 127°57′01″～128°15′46″、北纬 44°33′06″～44°20′28″，公园总面积 50 000hm²。

凤凰山国家地质公园为国家级地质公园，地理坐标为东经 127°53′52″～128°05′51″、北纬 44°05′11″～44°25′00″，总面积 30 731hm²。

2.6　流域生态环境状况

2.6.1　大气环境状况评估

2011～2015 年，即"十二五"期间，哈尔滨市环境空气质量基本保持稳定，2011 年和 2012 年主要污染物二氧化硫、二氧化氮和可吸入颗粒物年均浓度变化不大。2013 年哈尔滨市增加细颗粒物监测项目。2013～2015 年受逆温、高湿、静风极端不利气象条件影响，四类主要污染物年均浓度增高较为明显。但由于治理力度不断加大，三年中二氧化氮、可吸入颗粒物、细颗粒物三种污染物年均浓度呈下降趋势（表 2-3）。2015 年市区环境空气质量达标天数为 227d，占全年有效监测天数（360d）的 63.1%，同比下降 3.2%，重度及以上污染天数为 42d，同比增加 2d。

2015 年，哈尔滨市环境空气质量未达到国家环境空气质量二级标准，环境空气质量全面达标差距大，尤其是进入供暖期，PM$_{2.5}$、PM$_{10}$ 和二氧化硫均值分别达到 100μg/m³、144μg/m³ 和 84μg/m³，分别超过二级标准年平均浓度限值 1.85 倍、1.06 倍和 0.56 倍。

表 2-3　哈尔滨市 2011～2015 年主要污染物年均浓度统计表　（单位：μg/m³）

项目	2011 年	2012 年	2013 年	2014 年	2015 年
二氧化硫	41	36	44	57	40
二氧化氮	46	47	56	52	51
可吸入颗粒物	99	94	119	111	103
细颗粒物	——	——	81	72	70

2.6.2　流域水环境质量状况评估

　　磨盘山水库控制流域范围内的主要河流有拉林河及其支流大沙河、洒沙河，为了解三条河流水质情况，哈尔滨市生态环境局对三条河流水质开展了年度例行监测。

　　根据磨盘山水库作为城市饮用水水源地的特点，地表水环境常规监测项目为《地表水环境质量标准》（GB 3838—2002）规定的 31 个基本项目，即水温、pH值、硫酸盐、氯化物、溶解性铁、总锰、总铜、总锌、硝酸盐、亚硝酸盐、非离子氨、凯氏氮、总磷、高锰酸盐指数、溶解氧、化学需氧量（chemical oxygen demand, COD）、五日生化需氧量、氟化物、四价硒、总砷、总汞、总镉、六价铬、总铅、总氰化物、挥发酚、石油类、阴离子表面活性剂、粪大肠菌群、氨氮和硫化物。

　　监测评估结果表明，总体来说，三个入库口控制断面水质较好，除粪大肠菌群和高锰酸盐指数超标外，三条河流水质均能达到地表水环境质量标准Ⅲ类水质标准（以下统称Ⅲ类水质标准）要求。其中，拉林河入库口断面水质最好，拉林河入库口断面丰、平、枯三个水期均没有超标项目，达标率均为 100%，说明拉林河入库口以上河段水质优良，基本没有污染；支流大沙河入库口断面仅丰水期粪大肠菌群超过Ⅱ类水质标准，该项指标经净水厂处理后完全可以达标；支流洒沙河入库口断面仅丰水期高锰酸盐指数和粪大肠菌群超标，达到Ⅲ类水质标准。

2.6.3　库区水质状况评估

　　根据 2011～2015 年磨盘山水库取水口断面监测得到水质数据年均值（表 2-4），依据《集中式饮用水水源地环境保护状况评估技术规范》（HJ 774—2015），磨盘山水库水质满足Ⅲ类水质标准，达到水体功能区划目标。但总氮、总磷指标，存在上升趋势，其中总磷在 2015 年 4～6 月还出现了超标的情况，其2013～2015 年的营养状态指数分别为 46.5～47.0、43.88～45.27、42.28～50.97，也呈略上升态势。截至 2015 年末，磨盘山水库基本处于中营养状态，但已接近富营养状态临界值。因此，加强磨盘山水库流域环境保护与治理的压力巨大。

表 2-4　磨盘山水库水源地主要水质指标监测结果

年份	pH 值	溶解氧/（mg/L）	高锰酸盐指数	化学需氧量/（mg/L）	五日生化需氧量/（mg/L）	氨氮/（mg/L）	总磷/（mg/L）	总氮/（mg/L）
2011	7.79	9.64	4.23	11.89	2.74	0.18	0.03	0.92
2012	7.80	8.36	4.35	11.57	2.29	0.26	0.03	0.91
2013	7.76	9.50	4.34	12.66	2.39	0.30	0.04	0.99
2014	7.52	9.32	4.29	15.00	2.60	0.21	0.05	0.96
2015	7.49	8.77	3.92	12.40	2.21	0.18	0.04	1.15

2.6.4 土壤环境状况评估

根据全国第二次土壤普查结果，依据黑龙江省土壤养分分级标准（表 2-5），对调查区土壤养分状况进行评价，评价结果见表 2-6。

土壤的养分指土壤中有机质、氮、磷、钾等，从表 2-6 中可以看出，土壤养分总体来看比较高，主要土壤类型中的有机质含量最低为 45.3g/kg。土壤中的有机质是作物多种养料的供给源，有改善土壤物理性质、增强土壤保肥力等多种作用。评价结果表明，有机质及全量养分均属丰富级，pH 值及容重适宜，土壤肥力较高，适宜种植各种作物。

表 2-5 黑龙江省土壤养分分级标准　　　　　　　　（单位：g/kg）

项目	级别						
	1	2	3	4	5	6	7
有机质	>60	40～60	30～40	20～30	10～20	<10	—
全氮	>4.0	2.0～4.0	1.5～2.0	1.0～1.5	<1.0	—	—
全磷	>2.0	1.5～2.0	1.0～1.5	<1.0	—	—	—
速效氮	>120	100～120	80～100	60～80	<60	—	—
速效磷	>100	40～100	20～40	10～20	5～10	3～5	<3
结果	很丰富	丰富	中等	较缺	—	—	—

表 2-6 区域土壤养分状况评价表

土类	参数				
	全氮/（g/kg）	全磷/（g/kg）	全钾/（g/kg）	有机质/（g/kg）	pH 值
暗棕壤	6.2	2.2	19.5	105.5	6.20
白浆土	2.8	1.8	23.6	45.3	6.40
黑土	2.6	2.1	21.4	46.8	7.10
草甸土	5.2	2.2	17.7	114.4	6.60
水稻土	4.2	1.9	21.0	91.7	6.21
平均值	4.2	2.0	20.6	80.7	6.5
结果	丰富	很丰富	丰富	很丰富	中性

2.6.5 植被分布状况评估

磨盘山水库位于长白山系张广才岭西坡，大部分在山河屯林业局和五常市沙河子镇作业范围内。该区域属长白山植物区系完达山亚区。该区经过百年的开发，现已形成以阔叶混交林为主的过伐林区，大量有林地已成天然次生林，海拔 700m 以下的红松阔叶林区大多变成了人工落叶松阔叶混交林，针叶树林、冷杉只分布在海拔较高的山顶。

主要植被类型为山地寒温针叶林带、阔叶红松林带、山地针阔叶混交林带、沼泽草甸地带、农田等，一般依次分布于海拔 800~2000m（王忠良，2015）。除上述植被类型外，近年来，在立地条件好的地区营造了大面积的人工林，主要是以红松、落叶松、樟子松等针叶树为主的纯人工林，林龄为 10~20 年，林下植被稀少，林相比较单调，林内较暗，生境单纯，食物条件和隐蔽条件差，不适于大型野生动物栖息。从磨盘山水库植被分布示意图上可以看出区域植被主要以阔叶混交林为主，人工林主要是以人工落叶松为主（其中包括人工落叶松阔叶混交林），人工红松林、人工云杉、人工樟子松所占比例比较小，约有 1 万株，占阔叶混交林树种的 1.5%。

总之，该区域东、东南边缘的上部多分布以云杉、冷杉为主，混有枫桦的针阔混交林。西、西南边缘的山脊分布以云杉、红冷为主，混有枫桦及椴草树的针阔混交林。在低山丘陵区内多分布以榆树、水曲柳、胡桃楸、黄菠萝为主的其他阔叶混交林，也有以色树、榆树、椴树、蒙古栎、杨树为主的阔叶混交林。在沿河两侧，沿村屯附近，沿低湿地上下，多分布以蒙古栎、杨树、白桦为主的杂木杨桦林。

第3章 磨盘山水库流域生态环境状况评估

3.1 磨盘山水库水环境特征

3.1.1 主要入库河流水文水动力特点

1. 水系构成

磨盘山水库的主要入库河流为拉林河及其支流大沙河和洒沙河。河流分布见图 3-1。

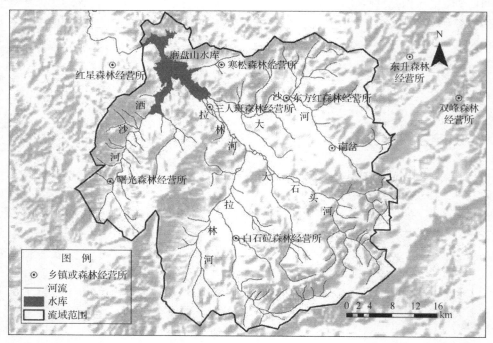

图 3-1 磨盘山水库流域河流分布示意图

拉林河为松花江右岸一级支流，发源于长白山张广才岭。拉林河流域位于东经 125°34′～128°34′、北纬 44°00′～45°30′，东临牡丹江流域，北侧为蚂蚁河、阿什河及松花江干流流域，西南与第二松花江流域为邻，流域面积 19 200km²，其中黑龙江省流域面积 10 815km²，占全流域面积的 56.3%；吉林省流域面积 8385km²，占全流域面积的 43.7%。拉林河自东南向西北流经尚志市、五常市、阿城区，于哈尔滨市区以上 150km 处注入松花江。

拉林河干流长 450km，其中黑龙江省界河长 265km。拉林河河道弯曲系数为 1.95，向阳山以上是山区，谷窄流急；向阳山至牤牛河口，地势渐缓，属丘陵区，河谷宽一般在 2km 以上，最宽达 5km；牤牛河口以下为平原区，河谷滩地宽 3～15km，地面比降 1/3000～1/5000，两岸有 15m 左右台地。

大沙河，河长 36km，流域面积 126km²，多年平均年径流量为 0.441 亿 m³/a。洒沙河河宽约为 40m，是三条入库河流之一。

2. 径流

根据拉林河流域及邻近流域沈家营、五常水文站资料，磨盘山水库坝址控制流域面积为 1151km²，年径流量最大为 9.0199 亿 m³，最小为 2.81 亿 m³，多年平均为 5.6096 亿 m³，该径流量为磨盘山水库的入库径流；向阳山断面控制流域面积为 1821km²，实测年径流量最大为 12.8036 亿 m³，最小为 3.9735 亿 m³，多年平均为 7.9596 亿 m³；五常断面控制流域面积为 5642km²，实测年径流量最大为 29.5492 亿 m³，最小为 4.6673 亿 m³，多年平均为 17.7894 亿 m³。径流量年际、年内差别大，径流量主要集中在 6～9 月，占全年径流量的 60%左右。封冻日期 11 月中旬，开河日期 4 月初，封冻天数 130～150d，最大冰厚 1.13m，最高水温 30.6℃。

3. 洪水

拉林河流域及邻近流域洪水成因主要为暴雨，沈家营及五常站的暴雨统计结果表明，磨盘山水库的入库代表站沈家营站的设计洪水的洪峰流量，二十年一遇为 1200m³/s，五十年一遇为 1710m³/s，百年一遇为 2100m³/s，二百年一遇为 2510m³/s。五常站的设计洪水的洪峰流量，二十年一遇为 2310m³/s，五十年一遇为 3040m³/s，百年一遇为 3620m³/s，二百年一遇为 4180m³/s。拉林河最大洪水发生在 1956 年，五常水文站处洪峰流量 2470m³/s。

4. 泥沙

磨盘山水库坝址以上植被很好，靠近河谷附近有部分耕地，流域内的水土流失现象不严重，河流泥沙很少。采用五常水文站悬移质泥沙资料分析，多年平均侵蚀模数为 32.7t/(km²·a)，磨盘山水库坝址以上的流域面积为 1151km²，则坝址以上年总输沙量为 4 万 t。

3.1.2 水环境功能区划

根据《黑龙江省地表水功能区标准》（DB 23/T740—2003），磨盘山水库库区的水环境功能区划类别为《地表水环境质量标准》（GB 3838—2002）III类。依据《黑龙江省地表水功能区标准》（DB 23/T740—2003）和《黑龙江省地面水环境质量功能区划分和水环境质量补充标准》（DB 23/485—1998），入库河流拉林河、大沙河、洒沙河均按II类水质标准管理。

3.1.3 磨盘山水库水文水动力特征

1. 水库水文特征

磨盘山水库以城市供水为主，位于拉林河干流上游，河床宽 50～60m，两侧有 5～10m 宽的狭长形的河漫滩，水库坝址以上流域面积 1151km²，该水库属于兼顾下游农田灌溉、防洪以及环境用水等的大（二）型水利枢纽工程，并属典型的河道型水库，地形呈不对称的"U"字形，具有东南高、西北低的趋势。水库正常蓄水位318m，蓄水库容为3.56亿m³，而总库容可达5.23亿m³，死水位304.5m，死库容0.91亿m³（岳治杰，2012）。水库每年为哈尔滨市居民提供生活毛供水量约 3 亿m³。由于汇水区域内植被茂盛，土壤中腐殖质含量较高，库内水质具有高色低浊的特点。

本书对近 6 年磨盘山水库水文变化情况、水力特征、污染物特点以及典型断面水质变化规律等监测和分析发现，磨盘山水库平均容积处于 1.15 亿～3.6 亿 m³。图 3-2 表示库区水位与库容之间的关系（许铁夫，2014）。

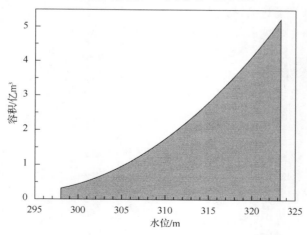

图 3-2　磨盘山水库库容与水位关系图（许铁夫，2014）

由图 3-2 可知,水库在 307.5m 以下水位与库容之间斜率较小,说明底部水库截面相对均匀,该断面水库调蓄作用能力有限,水质稳定性较差;307.5～315m 断面曲线斜率增加,说明在相关断面上截面面积增加,在这一断面区域库区蓄水能力更强,水体水质相对稳定,适合设置取水构筑物;而大于 315m 水位随着水位增加库容增加非常明显,具有较强的洪水调蓄功能。

磨盘山水库多年平均年径流量 5.61 亿 m³/a,来水主要是依靠 3 条入库河流及汇水区域的地表径流,受自然降水影响较大,出库流量中水源供水量为 3.37 亿 m³/a（目前实际供水约 2.9 亿 m³/a）,环境供水量年均为 0.13 亿 m³/a,其余为灌溉区农业补偿供水量、环境用水及灌溉用水,这部分流量主要集中于每年 5～9 月。

以 2012 年（枯水年,入库流量 4.2 亿 m³/a）和 2013 年（丰水年,入库流量 7.9 亿 m³/a）为例,从进出库流量及库区水位变化情况可以发现,水库每年 4 月下旬开始,入库流量加大,水库逐步解冻,随着春汛到来,水库水位开始逐步增加,而出库流量稳定,以城市供水为主（图 3-3 和图 3-4）（李芳圆,2016）。至 5 月中旬,根据下游灌溉区需要,出库流量开始加大,此时进出库流量动态平衡,库区水位逐步稳定。6～9 月,夏季降雨引起的入库流量增加是水库水位变化的主要原因,在枯水年由于库容较大,因此库区水位仍持续上升,在丰水年为保证库区安全,一般通过加大泄水等途径保证水位稳定。从图 3-4 可以发现,入库流量增加后库区往往需要泄水,出库峰值延迟于入库峰值,从而保持库内水位稳定。这一时期水库作为城市水源的供水量占入库流量的比例不足 30%,超过 70% 出库水量通过底部闸门释放用于灌溉及环境用水,因此这一时期内水库水体更新速度快,水力梯度加大。此后入库流量稳定性差,由于灌溉及环境用水量的下降,出库流量减小,库区水位持续升高。

入冬及冰封前期,库内水体滞留时间在丰、枯水年份变化极大,由于水库一般处于蓄水或高库容工作状态,这一时期存在着污染物的积累,水体更新速度较慢,污染物大量输入将严重影响库区供水水质,且这一影响将持续至第二年汛期,因此这一时期的入库水质控制尤为重要。水库冰封后,入库流量小于出库流量,库区水位下降。在整个冰封期内城市平均供水量约为 80 万 m³/d,而入库流量均值仅为 18 万 m³/d 左右,上游河流及汇水区域的入库流量远小于出库流量,库区水位呈现逐步降低的趋势,湖库内水体更新速度与冰封时水库容积以及冬季供水量有关。水库冰封期一般 150d 左右,以城市供水为主的出库流量达 1.2 亿 m³,而总入库流量仅为 0.27 亿 m³,其差值为 0.93 亿 m³,水库死水位为 304.5m,其所对应的库容为 0.92 亿 m³,依照这一数值,入冬前应将库容保证在 1.85 亿 m³ 以上,即水位不低于 310.8m;如将取水口设于 307.5m 以上具有较好水力条件的取水断面,则其所对应的库容为 1.32 亿 m³,依照这一数值,入冬前应将库容保证在 2.25 亿 m³ 以上,即库区水位应高于 312.65m。如冰封期前库内容量不足,污染物浓度将在冰封后期因浓缩而显著升高，甚至可能使水位降低至死库容内，造成底泥大量翻起，影响供水水质。

在磨盘山水库的水源保护中，库内水质的安全取决于入库内污染物的多寡，由于供水的连续性，虽然从总体来看库内水质易于更新和保护，但就单个水文季而言，污染物短时间的大量输入仍可能对供水功能产生影响，因此除有效控制汇水区污染及水土保持外，对来水的控制和出水的调节也是利用水力方法解决这一问题的关键。

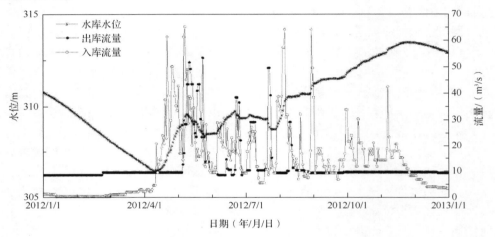

图 3-3　2012 年磨盘山水库流量与水位变化情况图（李芳圆，2016）

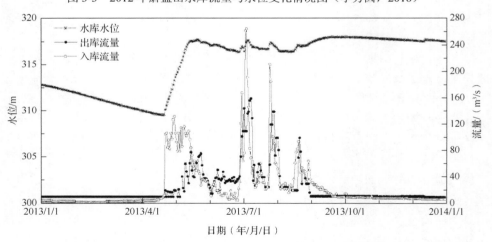

图 3-4　2013 年磨盘山水库流量与水位变化情况图（李芳圆，2016）

2. 水库水力滞留时间

湖库内的水力滞留时间是体现库区水体更新速度的重要指标，并影响库区内污染物的滞留，如当库内水力滞留时间较短时，不利于藻类繁殖，因此可大大降低水体富营养化的风险。作为哈尔滨市的唯一供水水源地，磨盘山水库水力条件季节性差异较大（表 3-1）。

表 3-1　水库出库流量及滞留时间（2012 年和 2013 年）

年份	水文时期	出库流量/（m³/s）	库容（增减）/亿 m³	滞留时间/d	持续时间/d	平均库容/亿 m³	平均出库流量/（m³/s）	平均滞留时间/d
丰水年（2013 年）	冰封期	9.30	1.96（-0.65）	243.3	108	2.90	21.76	154.1
	汛期	37.38	3.22（1.82）	99.7	165			
	入冬及冰封前期	9.59	3.48（-0.25）	419.8	92			
枯水年（2012 年）	冰封期	9.00	1.48（-0.69）	190.7	104	1.78	11.89	173.6
	汛期	15.02	1.68（0.86）	129.7	169			
	入冬及冰封前期	13.11	1.91（1.10）	168.7	92			

对于磨盘山水库，无论在丰水年还是枯水年，其水力滞留时间均小于 1 年，库区属于短滞留水库，而短滞留水库可保证入库污染物得到有效的冲刷，易于保证水质安全，但同时在不同的时期其水体滞留时间及水力条件仍存在较大的差别。根据调查，在一个水文年中，每年 4 月中旬至 9 月末的汛期，水体更新速度最快，其滞留时间丰水年不足 100d，枯水年也不足 130d，考虑整个汛期长达 160d 以上，因此在汛期内，库内水体将交换 1 次以上，库内水质受当年汇水区域污染物输入影响最大，而多年积累的持续性污染物（如残留的农药等）易于通过水体置换而输出。

3. 水库分层情况

湖库水体普遍具有分层现象，但其分层的强弱依据湖库的水文水力特点有较大的差异，分层性对于湖库水质具有重要影响。水库分层现象由强到弱一般分为三种类型，分别是稳定分层型、过渡型和完全混合型，利用入库水交换系数 α 可以对其判别，α 代表水库多年平均入库流量与库容之比，根据计算值，当 $\alpha<10$ 时，属于稳定分层型；而 $\alpha>20$ 时，属于完全混合型；$10\leqslant\alpha\leqslant20$ 时，称为过渡型。

根据调查，无论在丰水年、枯水年还是不同的水文时期，磨盘山水库均属于稳定分层型水库（表 3-2），但同时冰封期内水交换系数更低，其分层更为稳定。

表 3-2　水库入库流量及水交换系数（2012 年和 2013 年）

年份	水文时期	入库流量/（m³/s）	库容/亿 m³	α 值	平均库容/亿 m³	平均入库流量/（m³/s）	平均α值
丰水年（2013 年）	冰封期	2.58	1.96	0.4	2.90	24.90	2.7
	汛期	50.57	3.22	4.9			
	入冬及冰封前期	7.17	3.48	0.6			
枯水年（2012 年）	冰封	2.00	1.48	0.4	1.78	13.38	2.4
	汛期	21.17	1.68	4.0			
	入冬及冰封前期	18.11	1.91	3.0			

β 为一次洪水总量与总库容之比，对于稳定分层型水库，如 $\beta \geq 1$ 时，被认为单次洪水将使水库发生临时混合，当 $\beta \leq 0.5$ 时，说明整个洪水过程对水库的水温分层影响不大，而 $0.5 < \beta < 1$ 时，洪水对水库分层影响介于二者之间。

磨盘山水库在汛期内，包含解冻期的春季洪水和夏季降雨引起的夏季洪水两次洪水过程，其中春季洪水历时较短但流量较大（表 3-3），其临时混合系数处于 0.5～1，具有一定的混合能力，而夏季洪水历时长，特别是丰水年甚至可达临时混合型，因此湖库在汛期内部混合作用明显，而在其他时期则具有稳定的分层特性。

表 3-3　汛期入库流量及水交换系数（2012 年和 2013 年）

年份	水文时期	入库流量/（m³/s）	库容/亿 m³	历时/d	β值
丰水年（2013 年）	春季洪水	79.58	2.95	40	0.93
	夏季洪水	63.75	3.24	63	1.07
枯水年（2012 年）	春季洪水	30.29	1.49	42	0.74
	夏季洪水	20.31	1.68	87	0.91

3.2　入库河流水质现状评估

3.2.1　水质监测与水质现状

1. 监测断面及频次

磨盘山水库入库河流为拉林河及其支流大沙河和洒沙河，其中拉林河为最大入库河流。拉林河、洒沙河和大沙河 3 条入库河流的水质常规监测断面设置在入库前，共 3 处，哈尔滨市环境监测中心站自 2006 年开始一直进行连续监测。

2011～2016 年，哈尔滨市环境监测中心站对 3 条入库河流拉林河、大沙河、洒沙河的 3 处监测断面（即入库前断面）进行监测，其中，因每年 3 月、4 月为融水期，基本未开展监测。

2. 监测项目与分析方法

2011～2016 年监测项目有水温、pH 值、溶解氧、高锰酸盐指数、化学需氧量、五日生化需氧量、氨氮、总磷、总氮、汞、铅共 11 个项目。2015 年 2 月拉林河增加了铜、锌、氟化物（以 F⁻计）、硒、砷、镉、六价铬、氰化物、挥发酚、石油类、阴离子表面活性剂、硫化物、粪大肠菌群、硫酸盐 14 个监测项目，共监测 25 项。监测项目的分析方法均采用国家《地表水环境质量标准》（GB 3838—2002）和《水和废水监测分析方法（第四版）》中所规定的分析方法。

3. 水质评价标准与结果

超标倍数采用《地表水环境质量标准》（GB 3838—2002）Ⅱ类水质标准判定。

根据哈尔滨市环境监测中心站的监测数据，2011～2015 年拉林河、洒沙河和大沙河 3 条入库河流水质评价结果见表 3-4。由表 3-4 可知，2011～2015 年 5 年来磨盘山水库入库河流拉林河、洒沙河和大沙河水质除总氮、总磷外，均达到《地表水环境质量标准》（GB 3838—2002）Ⅱ类水质标准。对于总氮指标，2011～2015年，3 条入库河流均处于超标水平，总磷指标个别月份出现超标；总氮、总磷超标月份主要是枯水期的 1 月、2 月，丰水期的 5 月、6 月和 8 月。

3.2.2　水质变化趋势

如表 3-4 所示，在 2011～2016 年各年份对 3 条河流开展的监测频次各异，如2014 年未对拉林河开展监测，2011 年监测 12 次，2013 年监测 6 次，2015 年监测8 次，且监测月份不一。因磨盘山水库处于东北地区，四季分明，温差大，气候变化对水质影响显著，因此，对于调查年限内，不易采用年均值来评价水质指标的年际变化趋势。然而，根据不同年份的水质监测数据和评价结果，水质超标指标集中在氮磷营养元素、高锰酸盐指数等指标上，因此，本书重点针对各年份、各月份的氮、磷和高锰酸盐指数 3 个监测指标进行数据分析，以便明晰水质变化趋势。

表3-4 磨盘山水库入库河流水质评价情况

年份	次数	月份	监测项目	拉林河	洒沙河	大沙河
2011	12次	1~12	水温、pH值、溶解氧、高锰酸盐指数、五日生化需氧量、化学需氧量、氨氮、总磷、总氮、汞和铅共11项	总氮：全年均超标，最大超标月份为1月，超标2.74倍	总氮：除6月外的11个月总氮均超标，最大超标月份为1月，超标2.72倍	总氮：全年均超标，最大超标月份为1月，超标2.72倍
2012	8次	1~2、5~10		总氮：全年均超标，最大超标月份为2月，超标1倍	总氮：全年均超标月份为2月，超标0.92倍	总氮：全年均超标月份为2月，超标1.68倍；总磷：仅1月超标，超标3倍
2013	6次	5~6、8~11		总氮：全年均超标，最大超标月份为6月，超标2.48倍；总磷：仅6月超标，超标0.7倍	总氮：全年均超标月份为5月，超标2.82倍；总磷：仅6月超标，超标倍数0.3倍	总氮：全年均超标月份为5月，超标1.64倍
2014	6次	5~10		无监测	总氮：全年均超标月份为5月，超标3.46倍	总氮：全年均超标月份为8月，超标3.32倍
2015	8次	1~2、5~10	大沙河、洒沙河、拉林河除2月份以外：水温、pH值、溶解氧、高锰酸盐指数、五日生化需氧量、化学需氧量、氨氮、总磷、总氮、汞和铅共11项。拉林河2月：加测铅、铜、镉、汞、锌、铜、六价铬、镉、砷、硒、氟化物（以F⁻计）、挥发酚、石油类、阴离子表面活性剂、硫化物、粪大肠菌群、硫酸盐，共26项	总氮：全年均超标，最大超标月份为1月，超标2.3倍	总氮：全年均超标月份为6月，超标3.4倍。总磷：仅6月超标，超标0.5倍	总氮：全年均超标月份为6月，超标3.06倍；总磷：仅6月超标0.6倍
2016	8次	1~2、5~10	同2015年	总氮：全年均超标，最大超标月份为2月，超2.4倍	总氮：全年均超标月份为7月，超标2.05倍	总氮：全年均超标，最大超标月份为2月，超2.18倍

3.2.2.1　拉林河水质变化趋势

1. 氨氮变化趋势

由图 3-5 可知，拉林河氨氮仅在 2012 年 6 月超过Ⅱ类水质标准，其他年份和月份均无超Ⅱ类水质标准现象。从各年份的月份水质变化趋势来看，氨氮年份和月份变化趋势较大，高值基本集中在 7 月或 10 月。由于各年份基本对 1 月、2 月、5～10 月开展了月份监测，本书以这 8 个月的监测数据平均值来比较各年份的变化趋势。2011 年、2012 年、2013 年、2016 年、2017 年氨氮的平均值分别为 0.20mg/L、0.24mg/L、0.32mg/L、0.25mg/L、0.21mg/L，总体呈稳定趋势。

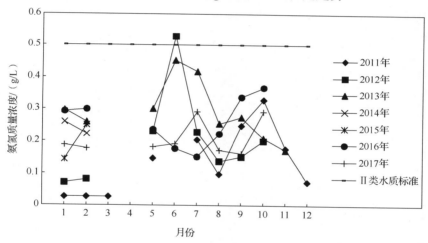

图 3-5　2011～2017 年拉林河断面氨氮变化趋势图

2. 总氮变化趋势

由图 3-6 可知，拉林河总氮指标均超过Ⅱ类水质标准，除 2012 年外，其他年份总氮指标也均超过Ⅲ类水质标准，且 2 月份总氮水平较高，其次为 6 月、7 月、10 月。由于各年份基本对 5～10 月开展了月份监测，2011 年、2012 年、2013 年、2016 年、2017 年 5～10 月总氮的平均值分别为 1.08mg/L、0.74mg/L、1.34mg/L、1.70mg/L、1.65mg/L，总体呈逐年增加趋势。

3. 总磷变化趋势

由图 3-7 可知，拉林河总磷指标除 2011 年处于Ⅱ类水质标准限值以下外，其他各年份监测数据均超过Ⅱ类水质标准，且在 2013 年 6 月和 2017 年 8 月分别超过Ⅲ类水质标准 3.24 倍和 2.22 倍。由于各年份基本对 5～10 月开展了月份监测，

2011年、2012年、2013年、2016年、2017年5～10月总磷的平均值分别为0.02mg/L、0.03mg/L、0.06mg/L、0.03mg/L、0.04 mg/L，总体呈逐年增加趋势。

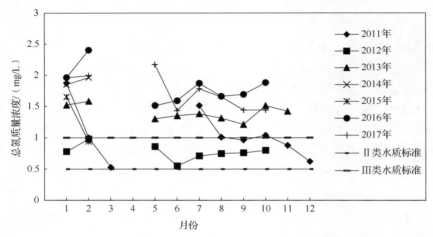

图 3-6　2011～2017 年拉林河断面总氮变化趋势图

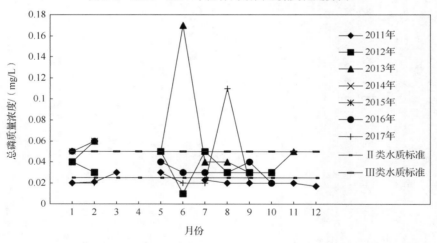

图 3-7　2011～2017 年拉林河断面总磷变化趋势图

4. 高锰酸盐指数变化趋势

由图 3-8 可知，拉林河高锰酸盐指数在 2016 年浓度水平最高，且自 5 月开始基本均超标，而其他年份基本无超Ⅱ类水质标准现象。从各年份的月份变化趋势来看，变化幅度较大，无明显规律。但各年份的高值均出现在 2 月或丰水期的夏季 7～9 月。由于各年份基本对 5～10 月开展了月份监测，2011 年、2012 年、2013 年、2016 年、2017 年 5～10 月高锰酸盐指数的平均值分别为 2.53mg/L、2.50mg/L、

2.92mg/L、4.28mg/L、3.42mg/L，总体呈增加趋势。

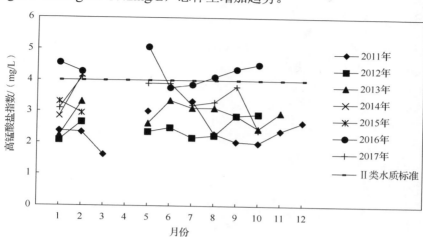

图 3-8　2011～2017 年拉林河断面高锰酸盐指数变化趋势图

3.2.2.2　大沙河水质变化趋势

1. 氨氮变化趋势

由图 3-9 可知，与拉林河类似，大沙河氨氮仅在 2012 年 6 月超过Ⅱ类水质标准，其他年份均无超Ⅱ类水质标准现象。从各年份的月份水质变化趋势来看，氨氮年份变化趋势较大，高值基本集中在 2 月或 10 月。由于各年份基本对 5～10 月开展了月份监测，2011～2017 年 5～10 月氨氮平均值除 2016 年外，总体呈稳定趋势，浓度在 0.20～0.24mg/L 的水平。

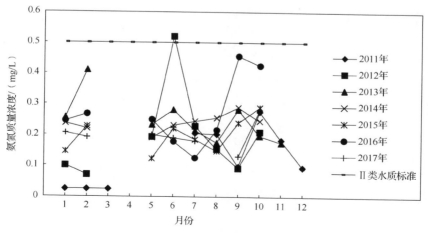

图 3-9　2011～2017 年大沙河断面氨氮变化趋势图

2. 总氮变化趋势

由图 3-10 可知，大沙河总氮指标均超过Ⅱ类水质标准，除 2012 年外，其他年份总氮指标也均超过Ⅲ类水质标准，且 2 月总氮水平较高，其次为 8 月、10 月。由于各年份基本对 5~10 月开展了月份监测，2011~2017 年 5~10 月氨氮平均值除 2016 年外，总体呈逐渐增加趋势，近几年在 1.5~1.8mg/L。

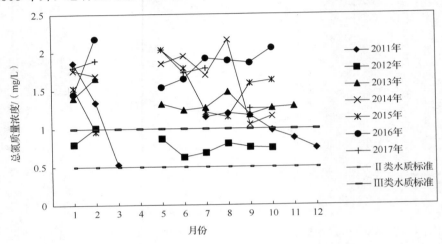

图 3-10　2011~2017 年大沙河断面总氮变化趋势图

3. 总磷变化趋势

由图 3-11 可知，大沙河总磷指标基本都超过Ⅱ类水质标准限值，2013 年和 2015 年超过Ⅲ类水质标准偏多。由于各年份基本对 5~10 月开展了月份监测，2011~2017 年 5~10 月平均值呈波动趋势，在 2013~2015 年的平均值均超过Ⅱ类水质标准。其他年份的年均值为 0.02~0.03mg/L。

4. 高锰酸盐指数变化趋势

由图 3-12 可知，高锰酸盐指数超标年份为 2015 年和 2016 年，且超过Ⅱ类水质标准限值主要出现在 7~9 月，在 2016 年 5 月浓度水平最高。从各年份的月份变化趋势来看，变化幅度较大，无明显规律。由于各年份基本对 5~10 月开展了月份监测，2011~2017 年 5~10 月高锰酸盐指数的平均值在 2.4~4.3mg/L，其中 2015 年和 2016 年的均值超过Ⅱ类水质标准。

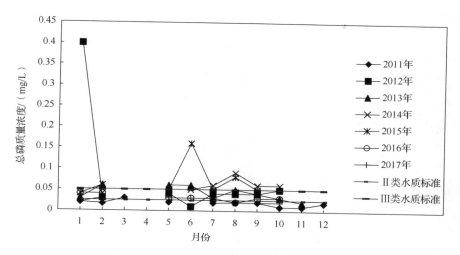

图 3-11　2011～2017 年大沙河断面总磷变化趋势图

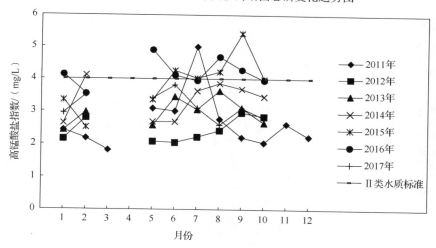

图 3-12　2011～2017 年大沙河断面高锰酸盐指数变化趋势图

3.2.2.3　洒沙河水质变化趋势

1. 氨氮变化趋势

由图 3-13 可知,洒沙河氨氮均低于Ⅱ类水质标准限值。年份变化基本无规律。各年份基本对 5～10 月开展了月份监测,2011～2017 年 5～10 月氨氮平均值除 2013 年高达 0.28mg/L 外,其余年均值均在 0.22mg/L 左右。

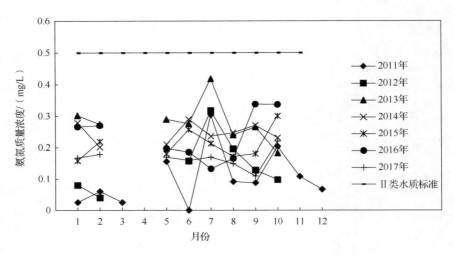

图 3-13　2011～2017 年洒沙河断面氨氮变化趋势图

2. 总氮变化趋势

由图 3-14 可知，洒沙河总氮均高于Ⅱ类水质标准限值，除 2011 年和 2012 年外，也均高于Ⅲ类水质标准限值。各年份基本对 5～10 月开展了月份监测，2011～2017 年 5～10 月总氮平均值呈现上升趋势。

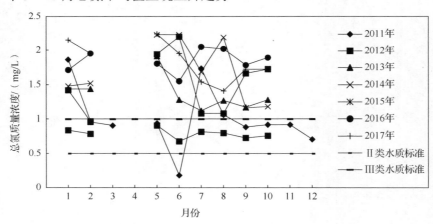

图 3-14　2011～2017 年洒沙河断面总氮变化趋势图

3. 总磷变化趋势

由图 3-15 可知，洒沙河总磷个别月份高于Ⅱ类水质标准限值。与总氮类似，高值区域主要集中在 6～10 月。2011～2017 年，2013 年和 2014 年均值较高，接近Ⅲ类水质标准限值。

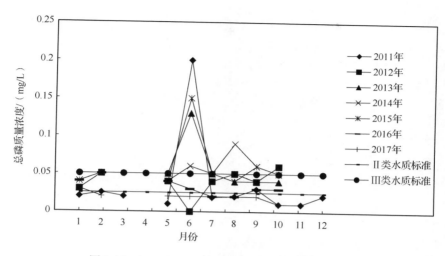

图 3-15　2011～2017 年洒沙河断面总磷变化趋势图

4. 高锰酸盐指数变化趋势

由图 3-16 可知，洒沙河高锰酸盐指数基本满足 II 类水质标准限值。逐月变化趋势表现出自 5 月开始基本呈现增加趋势（除 2017 年外），这主要是降雨径流所致。自 10 月达到高值后，进入冰封期，无外源汇入，水质趋好，高锰酸盐指数开始下降。

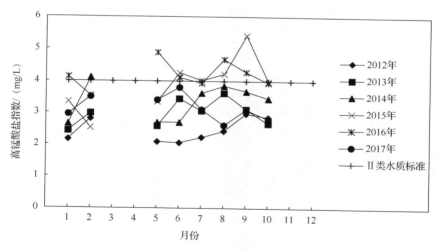

图 3-16　2011～2017 年洒沙河断面高锰酸盐指数变化趋势图

综合上述分析，2011～2017 年磨盘山水库入库河流拉林河、洒沙河和大沙河水质总氮指标年均值稳中上升，总氮普遍存在超标现象；总磷指标年均值波动上升，总磷个别月份偶尔有超标现象；总氮、总磷超标月份主要是枯水期的 1 月、2 月，丰水期的 5 月、6 月和 8 月。监测的其他各项指标均满足《地表水环境质量标准》（GB 3838—2002）Ⅱ 类水质标准。

3.2.3 入库河流污染特征及趋势

3.2.3.1 特征与变化趋势

根据收集的调查资料（哈尔滨市环境监测中心站的监测数据资料），2011～2017 年，除去拉林河 2014 年和 2015 年 5～10 月未开展监测外，3 条入库河流在 1～2 月、5～10 月均开展了监测。为此，本书采用 1～2 月、5～10 月的监测指标平均值从年际变化趋势来分析判断入库河流水质变化。

如图 3-17 所示，3 条入库河流氨氮、总氮、总磷、高锰酸盐指数 4 个指标的年均值基本接近，说明 3 条河流的污染水平相当。

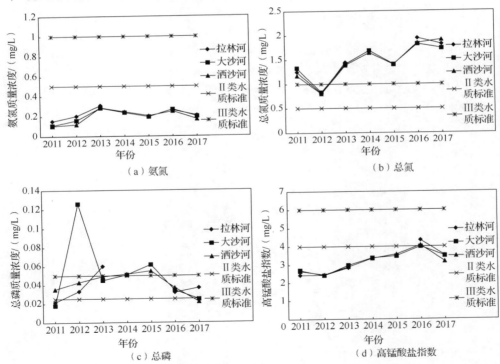

图 3-17　2011～2017 年入库支流水质指标年均值变化情况图

其中，氨氮在 2011～2013 年呈上升趋势，这说明在这 3 年间排污的污染负荷逐渐在增加，自 2013 年后，呈下降趋势，至 2015 年基本趋于稳定，年均值稳定在 0.2mg/L。

对于总氮指标,除 2012 年外,其年均值均超过Ⅲ类水质标准,在 2011～2017 年,3 条河流总氮总体呈显著的上升趋势,至 2017 年基本都在 1.8mg/L 左右。

对于总磷指标,在 2012 年和 2015 年,年均值均超过了Ⅱ类水质标准,自 2015 年后呈显著下降趋势。对于洒沙河,在 2015 年前,总磷呈逐年增加趋势,2015 年最高,年均值达 0.058mg/L,自 2015 年后开始下降,2017 年年均值为 0.022mg/L。2017 年,拉林河总磷年均值最高,为 0.037mg/L。

总体来看,在 2011～2016 年,3 条河流高锰酸盐指数均呈增加趋势,2016 年,拉林河、大沙河、洒沙河分别达 4.35mg/L、4.00mg/L、4.07mg/L。与 2016 年相比,2017 年有所降低,拉林河、大沙河、洒沙河年均浓度分别为 3.51mg/L、3.49mg/L、3.18mg/L。

3.2.3.2　河流水质变化原因分析

1. 村落污染和农田径流污染

磨盘山水库入库河流两岸均分布着大量的村落和农田。根据现场调查,周边村落的生活污水基本未经处理直接排放,通过入库河流最终进入水库。流域内的农田面积较大,约有 5500hm²,农灌沟渠散布田间,并与入湖河流相互连通,将农田面源污染带入入库河流。同时,在 2016 年以前,特别是三人班村、福太村、大柜村的生活垃圾基本没有处置,随降雨冲刷入河,同时农村人粪尿、禽畜粪便也未得到有效处置,均是入库河流重要污染成因。

2. 水土流失污染

由于流域内农田分布地点比较敏感,距离水库水体较近,有一部分直接分布在水源一级保护区内,其他居民虽然没有在一级保护区内,但也主要沿水系分布,加上流域降水比较集中,降雨冲刷的泥沙和营养盐很容易就能直接进入河道,进而产生污染输入,对水质造成了较大的影响。

3.3　库区水质现状与变化趋势分析

3.3.1　库区水质监测断面

为了监管水库水源水质,哈尔滨市环境监测中心站在磨盘山水库一共设置了 5 个监测点,监测断面设置如图 3-18 所示。

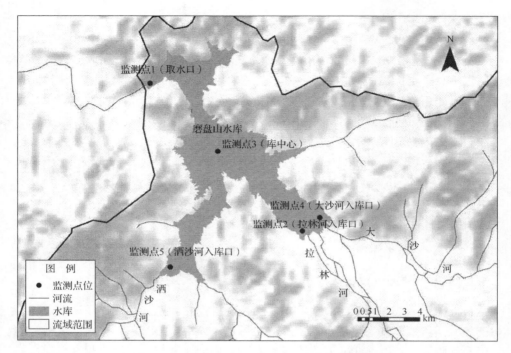

图 3-18　磨盘山水库库区水质监测断面图

3.3.2　库区水质评价结果

表 3-5 为哈尔滨市环境监测中心站的水环境质量中有关磨盘山水库取水口水体类别的统计情况。2011～2017 年，除去总氮指标外，磨盘山水库水质大部分时间达到Ⅲ类水质标准。2014 年 5 月、2015 年 4 月和 6 月监测结果表明磨盘山水库为Ⅳ类水质，超过了功能区规划目标，超标指标均为总磷。

表 3-5　磨盘山水库水体类别统计

年份	月份											
	1	2	3	4	5	6	7	8	9	10	11	12
2011	Ⅲ	Ⅲ	Ⅲ	Ⅲ	Ⅲ	Ⅲ	Ⅲ	Ⅲ	Ⅲ	Ⅲ	Ⅲ	Ⅲ
2012	Ⅲ	Ⅲ	Ⅲ	Ⅲ	Ⅲ	Ⅲ	Ⅲ	Ⅲ	Ⅲ	Ⅲ	Ⅲ	Ⅲ
2013	Ⅲ	Ⅲ	Ⅲ	Ⅲ	Ⅲ	Ⅲ	Ⅲ	Ⅲ	Ⅲ	—	Ⅲ	Ⅲ
2014	Ⅲ	Ⅲ	Ⅲ	Ⅲ	Ⅳ	Ⅲ	Ⅲ	Ⅲ	Ⅲ	Ⅲ	Ⅲ	Ⅲ
2015	Ⅲ	Ⅲ	Ⅲ	Ⅳ	Ⅲ	Ⅳ	Ⅲ	Ⅲ	Ⅲ	Ⅲ	Ⅲ	Ⅲ
2016	Ⅲ	Ⅲ	Ⅲ	Ⅲ	Ⅲ	Ⅲ	Ⅲ	Ⅲ	Ⅲ	Ⅲ	Ⅲ	Ⅲ
2017	Ⅲ	Ⅲ	Ⅲ	Ⅲ	Ⅲ	Ⅲ	Ⅲ	Ⅲ	Ⅲ	Ⅲ	Ⅲ	—

3.3.3　库区水质变化趋势

3.3.3.1　库区水质水平和垂直方向变化趋势

2012～2013 年,本书分别对磨盘山水库 5 个监测断面的表层(1m)、中层(7m)、底层（15m）水体的水质进行了分析。

图 3-19 为 5 个采样点的中层水体 2012 年和 2013 年总氮的变化规律。利用 SPSS 软件对 5 个点位总氮进行方差分析,总氮在 5 个取样点的 F 统计量相对应的 P 值为 0.977,均大于 0.05,说明在同一时间段内总氮的含量在 5 个取样点并不存在显著差异。因而可利用取样点 1 来研究库区的水质年际变化趋势,且取样点 1 是磨盘山水源地取水口所在的位置,是预警城区水源水质安全的重要屏障。

考虑总氮是库区特征污染指标,本书对 2012 年和 2013 年总氮在垂直方向的变化规律进行了分析。图 3-20 和图 3-21 为取样点 1 不同取样深度的水样 2012 年与 2013 年总氮和硝酸盐氮的变化规律。由图可知,不同年份总氮和硝酸盐氮质量浓度的变化规律相似,但在数值上稍有差别。为了分析不同深度与总氮的质量浓度是否存在差异性,采用方差分析的方法描述水体不同深度(取样深度分别为 1m、7m、15m）与总氮质量浓度之间的差异性。结果显示,总氮在 3 个取样深度之间存在显著性差异（其对应的 P 值为 0.002,小于 0.05）,说明总氮质量浓度与取样深度之间存在相关性。

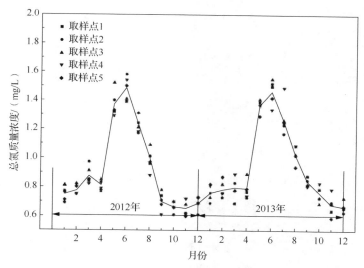

图 3-19　2012～2013 年磨盘山水库 5 个监测断面总氮变化情况（李芳圆,2016）

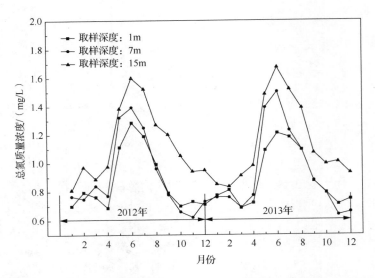

图 3-20　2012～2013 年不同取样深度总氮变化情况（李芳圆，2016）

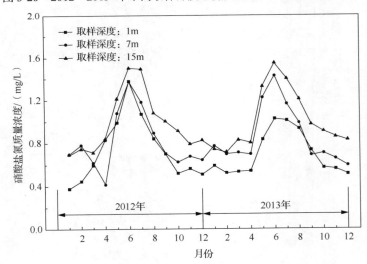

图 3-21　2012～2013 年不同取样深度硝酸盐氮变化情况（李芳圆，2016）

由图 3-20 和图 3-21 可知，无论取样深度是多少，磨盘山水库中总氮最主要的存在形态为 NO_3-N，且 NO_3-N 的年际变化趋势与总氮的变化趋势相似。因而本书对不同深度总氮与 NO_3-N 的含量进行了相关性分析，P 值均为 0.000，说明总氮与 NO_3-N 显著相关。这表明总氮的季节性变化规律与 NO_3-N 具有一致性，总氮的变化主要是由 NO_3-N 引起的。

3.3.3.2　库区取水口水质

1. 溶解氧

图 3-22 为 2011～2017 年磨盘山水库取水口溶解氧的变化情况。由图可知,磨盘山水库中溶解氧总体呈夏季低、冬季高的特点,但均满足水体功能区的规划目标。这说明夏秋季节有大量的有机物进入水库,分析认为造成夏秋季节溶解氧质量浓度下降的原因可能是在该时间段内汇入水库内的有机物增多。哈尔滨市的降水多集中在 7～8 月,有一部分化肥、农药残留随着降水汇入水库;8～9 月,哈尔滨市的水田进入退水阶段,也会使一部分有机污染物进入水库,导致该时间段内水体中的溶解氧质量浓度较低。

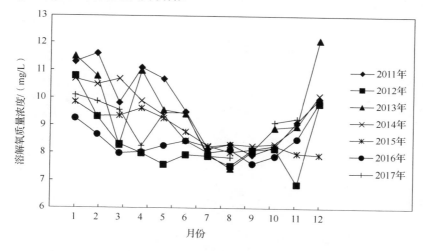

图 3-22　2011～2017 年磨盘山水库取水口溶解氧的变化情况图

2. 高锰酸盐指数

磨盘山水库 2011～2017 年高锰酸盐指数的变化如图 3-23 所示,高锰酸盐指数均符合地表水环境质量标准中Ⅲ类水质标准要求的 6mg/L。高锰酸盐指数每年 1、9、10 月位于高位值,呈现了季节性特点,其原因在于夏秋季节降水增加,地表径流携带土壤中的有机物入库,导致高锰酸盐指数增加。

3. 总氮

图 3-24 为 2011～2017 年磨盘山水库取水口总氮的变化规律。由图可知,自 2015 年以来,磨盘山水库总氮质量浓度始终超过Ⅲ类水质标准要求的 1.0mg/L,在 2016 年 2 月、3 月甚至还超过Ⅴ类水质标准要求的 2.0mg/L。每年 4～9 月总氮质量浓度处于全年中的高位值,6、7 月达到峰值,因为 4～9 月是农业生产期,含

氮化肥随着地表径流进入水体导致总氮升高。2011～2017 年总氮呈现逐年升高的趋势，存在富营养化的潜在风险。

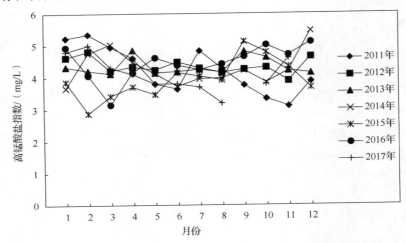

图 3-23　2011～2017 年磨盘山水库取水口高锰酸盐指数变化情况图

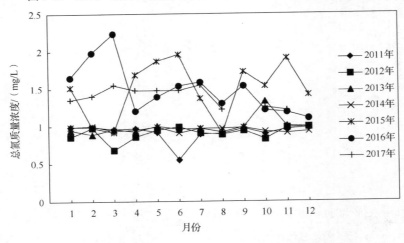

图 3-24　2011～2017 年磨盘山水库取水口总氮变化情况图

4. 总磷

由图 3-25 可知，2011～2013 年总磷质量浓度全年均小于 0.05mg/L，符合水体功能区的规划目标，而 2014 年 5 月、2015 年 4 月和 6 月超过了Ⅲ类水质标准，2014年 2 月、6～11 月，2015 年 2 月、5～8 月达到了 0.05mg/L 的Ⅲ类水质标准要求限值。从总磷的变化趋势上看，近年来总磷处于接近Ⅲ类水质标准限值，存在富营养化的风险。6 月总磷质量浓度增加，高位值同处于农业生产期，原因在于农业生产所用氮肥、磷肥会随地表径流进入水体，导致水体中营养盐的质量浓度升高。

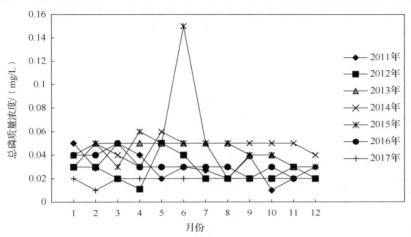

图 3-25　2011～2017 年磨盘山水库取水口总磷变化情况图

5. 氨氮

图 3-26 为 2011～2017 年磨盘山水库取水口氨氮的监测情况，由图可知磨盘山水库取水中氨氮的质量浓度除 2011 年 12 月、2012 年 6 月和 11 月、2013 年 6 月，其他时间均处于 0.5mg/L 以下，满足Ⅱ类水质标准要求，其质量浓度也保持相对稳定。

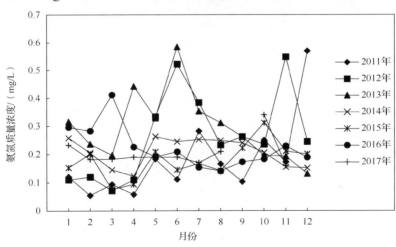

图 3-26　2011～2017 年磨盘山水库取水口氨氮变化情况图

6. 硝酸盐氮

图 3-27 为 2011～2017 年磨盘山水库取水口硝酸盐氮的监测情况，由图可知

磨盘山水库出水中硝酸盐氮的变化规律基本和总氮的变化趋势相同，即每年4~9月硝酸盐质量浓度处于全年中的高位值，与农业面源污染密切相关。

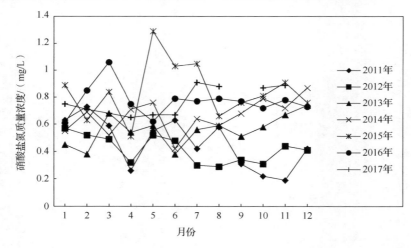

图 3-27　2011~2017 年磨盘山水库取水口硝酸盐氮变化情况图

3.3.4　水体富营养化趋势

磨盘山水库营养状态评价结果见表 3-6。从表 3-6 可以看出磨盘山水库库区 2011~2016 年评价结果，年均值营养状态评价结果均为中营养，接近于轻度富营养，且总体评价指标逐年递增，水库水质有向富营养状态变化的趋势；按年内最大值进行评价时，评价结果总体也呈递增趋势。因此，加强磨盘山水库流域环境保护与治理的压力巨大。

表 3-6　磨盘山水库 2011~2016 年综合营养指数表

	2011 年	2012 年	2013 年	2014 年	2015 年	2016 年
综合营养状态指数	43.4	44.1	45.6	46.2	47.3	48.6
营养状态	中营养	中营养	中营养	中营养	中营养	中营养

3.4　库区底质现状评估

3.4.1　库区底质调查点位布设

2017 年 11 月作者对磨盘山水库进行了初步采样调查，旨在了解磨盘山水库底泥的污染现状。作者共设 5 个底泥采样点，分别为洒沙河入库口附近、拉林河入库口附近、大沙河入库口附近、水库库心、水库取水口附近。点位布置与图 3-18 一致。采用彼德森采泥器采集沉积物，采集表层底泥，泥厚 10cm。

3.4.2　库区底质物理化学性状

1. pH 值

磨盘山水库 3 条河流入库口浅水处（1～2m）底泥 pH 值处于 7.0～7.5，库心深水区和取水口处（35～40m）底泥 pH 值处于 7.0～7.1。总体来看，各点位底泥多呈弱碱性，相差不大，深水处差异更小。从空间上来看，磨盘山水库 3 条河流入库口处各点 pH 值稍高（表 3-7）。

表 3-7　磨盘山水库沉积物物理化学指标调查一览表

指标	监测点位				
	拉林河入库口	大沙河入库口	洒沙河入库口	库心	水库取水口
pH 值	7.2	7.4	7.0	7.0	7.1
含水率/%	55.5	53.6	57.5	62.7	68.8
总氮/（kg/kg）	9.19	7.97	4.77	4.21	4.34
总磷/（kg/kg）	0.94	1.22	0.95	2.07	0.99
有机质/（g/kg）	184	147	72.6	78.4	69.3
Cd/（mg/kg）	0.29	0.28	0.26	0.22	0.16
Cr/（mg/kg）	39.4	54.6	60.5	56.3	58.2
Cu/（mg/kg）	20	26	24.2	15.7	21.4
Zn/（mg/kg）	102	104	101	93.5	114
Pb/（mg/kg）	28.7	31.5	31.2	26.4	32.6
Hg/（mg/kg）	0.12	0.13	0.093	0.084	0.087
As/（mg/kg）	13.2	8.77	11.6	7.48	10.1
Ni/（mg/kg）	25.6	28	25.3	23.2	24.9

2. 含水率

磨盘山水库 3 条河流入库口浅水处（1～2m）底泥含水率明显低于库心深水区和取水口处（35～40m）底泥的含水率，可能是因为这些点位与近岸点位相比距岸较远，受沿岸人类活动影响较小。

3. 总氮

磨盘山水库底泥总氮空间分布差异显著，总氮质量分数在 4210～9190mg/kg。各采集点位总氮含量变化趋势为拉林河入库口>大沙河入库口>洒沙河入库口>取水口>库心。根据美国国家环境保护局（U.S. Environmental Protection Agency，EPA）

制定的底泥分类标准，各点位总氮质量分数>1000mg/kg，属重度污染区。

4. 总磷

磨盘山水库底泥总磷质量分数在 940～2070mg/kg。各采集点位总磷含量变化趋势表现为库心>大沙河入库口>取水口>洒沙河入库口>拉林河入库口。根据 EPA 制定的底泥分类标准，各区总磷值中拉林河入库口、洒沙河入库口总磷小于 1000mg/kg，属轻度污染区，但均接近上限，不容乐观；大沙河入库口总磷在 1000～2000mg/kg，属中度污染区；库心总磷在 2000mg/kg 以上，属重度污染区。

综合底质总氮总磷的监测情况，入库河口处底泥氮磷含量高，且淤积量大，因此，该区域可能是重要的内源污染源，也应当是改善水质的重要影响因素。

5. 重金属指标

库区沉积物重金属质量分数水平较低。对比《土壤环境质量标准》（GB 15618—2008），Hg、As、Cd、Cr 能够满足一级标准（自然背景），Cu、Pb、Zn 能够满足二级标准，质量分数较低。

重金属表现出从库尾到库首总体呈下降趋势，即入库河流是库区沉积物中重金属的主要来源。通过对拉林河、大沙河、洒沙河入库断面的底质沉积物进行调查，拉林河入库口的 As、Cd 质量分数相对偏高，洒沙河入库口的 Cr、质量分数相对偏高。

3.4.3 库区底质污染原因分析

（1）入库河流是库区底质污染物的主要输入途径。由于磨盘山水库污染物 90% 以上由入库河流输入，磨盘山水库底质污染情况与入库河流污染情况对比分析可知，磨盘山水库底质污染受入库河流污染影响较大。一方面，磨盘山水库流域拉林河、大沙河、洒沙河多数发源于丘陵地区，在雨季，降雨冲刷，水土流失致使污染物进入河道，输入污染物；另一方面，在河流中下游多分布农田或村庄，农灌回水直接汇入河流，部分村落生活污水也进入河流，会增加河流携带的污染物。最终，河流携带的泥沙等污染物质会随其流动沉积于河道内造成河道底泥淤积，或进入水库造成库区底质污染。

入库河流沿岸也是农村和林场（所）人口集中区域，人为活动强烈，入库河流如大沙河、拉林河入库口浅水区与深水区底质污染均非常严重，且随着人类活动的加强，底质污染正由沿岸向深水区推进。

（2）夏季雨季地表径流是库区底质污染的主要贡献源。基于水库设计运行数据核算，磨盘山水库输入悬移质总量为 3.5 万 t/a，而出库水中浊度均值仅为 2，根据 Cornwell 公式，核算其悬浮物（suspended solids，SS）约为 4mg/L，依照年平均出库流量约 5.6 亿 m³ 计算，则出库悬移质仅为 2240t/a，大部分的悬移质将沉淀，预计底泥增量超过 3.25 万 t/a，且沉淀物在河口处比较集中。利用输出系数法模型计算，底泥的分布中河口处分布密度最大，其中拉林河河口处底泥约占全部底泥量的 40%，即 1.3 万 t/a，其密度是平均密度的 7.5 倍，大沙河河口处底泥也接近 5000t/a。因此，在入库口处，特别是拉林河与大沙河入库口处，需进行必要的人口迁移和控制，未来控制底泥的增长，特别是控制入库口处底泥的增长，将是关乎水库寿命的关键。

$$S = Q（0.44Al+SS+B）\times 10^{-6} \tag{3-1}$$

式中，S ——干污泥量，mg/L；

　　　　Q ——流量，L；

　　　　SS ——原水总悬浮固体，采用 Cornwell 公式计算，其中浊度转换系数最大值取 2.2mg/L；

　　　　Al ——硫酸铝投加量[以 $Al_2(SO_4)_3 \cdot 14H_2O$ 计]，mg/L；

　　　　B ——水处理过程中投加的其他添加剂，mg/L。

（3）农业面源也是库区底质污染的主要贡献源。磨盘山水库流域内有耕地 5817.3hm²，占保护区总面积的 9.31%，农灌沟渠散布田间，并与入库河流相互连通，周围农田过量使用的磷肥通过农灌沟渠进入入库河流，最终进入库区。另外，水库保护区内的生活垃圾、生活污水排放、禽畜粪便等农业生活污染源也是库区底质污染的重要贡献源。

第4章　磨盘山水库流域污染源
调查评估

4.1　流域污染源状况调查

4.1.1　点源污染源

1. 工业点源

水库坝址上游汇水范围内，仅有黑龙江省山河屯林业局凤凰豆制品加工厂和三人班村的酒厂、制米厂以及两处加油站、砖厂等，因砖厂停业多年未生产，制米厂和加油站不排工业废水，豆制品加工厂和酒厂规模小，排污量基本可忽略不计。

2. 城镇生活源

水库坝址上游汇水范围内无城镇级及以上的生活污水处理厂，无城镇生活源。

3. 规模化畜禽养殖

水库坝址上游汇水范围内无规模化禽畜养殖。

4.1.2　面源污染源

库周、库区居民以农业户、林业职工为主，居民住宅以砖瓦房和土房为主，基本是独门独户，家畜与人混居在一个院内，生活污水随地泼洒。因此，流域面源污染主要包括两方面：一是农村、林场（所）职工居民生产和生活产生的生活污水、生活垃圾、生产垃圾、养殖畜禽产生的排泄物等；二是农田使用化肥、农药，不能被作物吸收利用随地表径流流失的部分（张贺新，2009）（表4-1）。

1. 农村生活污染

1）生活污水

流域内城镇化率较低，人口以林场（所）工人和农业人口为主。由于农村和林场（所）住户比较分散，农村生活污水及生活垃圾不利于集中处理。截至2016年底，流域内尚未建设污水排水管网，仅山河屯林业局建有一座污水处理厂，且处于闲置荒废状态，未运行。农村生活污水随意泼洒、排放。

表 4-1　磨盘山水库流域污染源基本情况（2016 年）

区域	村屯（林场所）	户数/户	人口/人	耕地面积/hm²	生活污水产生量/（万 t/a）	生活垃圾产生量/（万 t/a）	人粪便产生量/（万 t/a）	畜禽粪便产生量/（万 t/a）	畜禽污水产生量/（万 t/a）	年使用农药量/t	年使用化肥量/t
一级保护区	三人班村	573	1 719	93.2	3.80	0.18	0.14	0.25	1.53	0.16	13.4
二级保护区	王家街村	203	609		0.95	0.05	0.03	0.12	0.69	7.5	752.69
	大甸村	150	740		0.89	0.04	0.03	0.01	0.07	4.07	407.07
	新建村	65	200		0.21	0.01	0.01	0.01	0.08	2	136
	大桥村	60	190		0.28	0.01	0.01	0.01	0.07	1	64
	茄太村	411	1 278		2.11	0.10	0.08	0.04	0.35	1	68
	四间房	118	388		0.70	0.03	0.03	0.06	0.33	8.4	1 073
	工农森林经营所	513	1 763		2.70	0.13	0.10	0.04	0.23	2.1	265.6
	小计	2 093	6 887	2 655	11.64	0.55	0.43	0.54	3.35	26.07	2 766.36
准保护区	白石砬森林经营所	558	1 490		2.28	0.11	0.08	0.35	2.12	0.3	258
	永胜森林经营所	492	1 144		1.77	0.08	0.06	0.51	3.05	0.2	171
	长征森林经营所	491	1 017		1.25	0.06	0.04	0.05	0.26	0.3	254
	凤凰山森林经营所	904	1 934		2.53	0.12	0.09	0.03	0.20	0.3	254
	铁山森林经营所	1 497	3 538		2.68	0.13	0.10	0.05	0.33	0.1	112
	哗汰森林经营所	645	1 470		3.55	0.17	0.13	0.07	0.39	0.1	97
	亮甸子屯	378	1 241		1.90	0.09	0.07	0.60	3.58	6.5	809.9
	大杨树屯	108	364		0.56	0.03	0.02	0.00	0.00	1.8	218.5
	凤凰山国家森林公园		1 055		0.83	0.06	0.04	—	—	—	—
	小计	5 073	13 253	2 882	17.35	0.85	0.63	1.66	9.93	9.6	2 174.4
	总计	7 166	20 140	5 630.2	28.99	1.40	1.06	2.20	13.28	35.83	4 954.16

2）生活垃圾

对于农村生活垃圾，在 2016 年以前，流域内涉及的仅五常市所管辖的三人班村、大柜村、福太村建有垃圾储存池，但垃圾未被有效收集和处置，仅是任意堆存和随意焚烧，基本等同于未处置。自 2016 年后，为开展美丽乡村建设，哈尔滨市政府每年投入 100 万元资助五常市处置生活垃圾，按照"村收集—乡（镇）转运—县处理"的思路，在各行政村设置了生活垃圾箱（桶）、垃圾存放点、垃圾清运车，保证农村垃圾得到有效收集，收集后装运至山河屯林业局奋斗林场进行处置。

而对于流域涉及的山河屯林业局，在 2013 年以前，林业局垃圾处置情况和五常市类似，因收集处置不规范，基本相当于未处置，自 2013 年后，哈尔滨市环境保护局将垃圾转运车等装备交给林业局运行后，垃圾得到有效收集和处置，最后也送入奋斗林场垃圾填埋场处置。至 2016 年，流域内的生活垃圾收集率基本达到 80%。

根据调查，2016 年，水库二级保护区内共有居民 2093 户，人口 6887 人，耕地面积 2655hm²，经调查每年产生 11.64 万 t 生活污水和 0.55 万 t 生活垃圾。准保护区内共有居民 5073 户，人口 13 253 人，耕地面积 2882hm²，加之每年凤凰山景区接待 30 万人，每年产生 17.36 万 t 生活污水和 0.85 万 t 生活垃圾。由上可知，2016 年，磨盘山水库产生 29 万 t 生活污水和 1.40 万 t 生活垃圾（表 4-1）。

2. 生产垃圾

生产垃圾主要是山河屯林业局铁山森林经营所、曙光森林经营所、凤凰山森林经营所、永胜森林经营所、白石砬森林经营所、三人班村和福太村亮甸子屯的木耳菌生产垃圾，铁山森林经营所年产木耳 1000 万袋、曙光森林经营所年产木耳 15 万袋、凤凰山森林经营所年产木耳 10 万袋、永胜森林经营所年产木耳 65 万袋、白石砬森林经营所年产木耳 10 万袋，估算山河屯林业局生产垃圾为 11 000t/a。三人班村和福太村亮甸子屯分别年产木耳 30 万袋和 20 万袋，估算生产垃圾分别为 300t/a 和 200t/a。

3. 农业种植业

在 2011～2016 年，磨盘山水库保护区内农药和化肥使用量均呈增加趋势（图 4-1 和图 4-2），其中 2016 年农药使用量为 34.23t/a、化肥使用量为 4941t/a。从涉及的山河屯林业局、五常市两个行政区域的统计资料来看，山河屯林业局每年使用农药和化肥量分别为 1.4t/a、1258t/a，因此，保护区内农药和化肥使用量主要是保护区涉及的五常市的村屯农业生产活动产生的。从各级保护区的分布来看，二级保护区使用农药、化肥量分别为 26.07t/a、2766.36t/a，准保护区使用农药、化肥量分别为 9.6t/a、2174t/a，总体来看，二级保护区和准保护区化肥使用量相当，而二级保护区农药使用量较高。根据土地利用类型解析结果，准保护区旱地面积为 27km²，比二级保护区的 22km² 要大，而准保护区水田面积为 2.2km²，约为二级保护区（6.1km²）的三分之一，这与二级保护区水田多而水稻种植需要大量使用农药的实际情况一致。

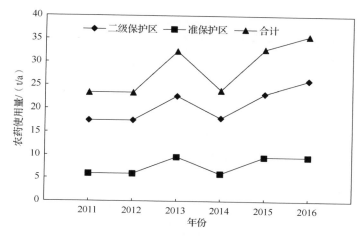

图4-1 磨盘山水库保护区内农药使用量

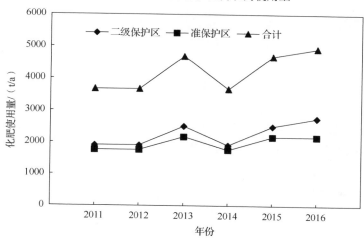

图4-2 磨盘山水库保护区内化肥使用量

4. 禽畜养殖

根据调查（表4-2），随着近年来环保投入和生态补偿实施后，2013年流域内严格控制禽畜养殖，大量分散养殖场关闭，流域内禽畜数量显著减少。其中家禽类由2012年的17.5万只下降到2013年的1.6万只后趋于稳定。养牛数量由近5000

头下降至 1000 头左右，而马和猪的数量分别稳定在 26 匹和 434 头左右。因此，禽畜养殖污染负荷自 2012 年后大幅度减小。据核算，2016 年，磨盘山水库流域内畜禽养殖产生 COD 为 335.61t/a，氨氮为 18.79t/a，总氮和总磷分别为 49.45t/a和 16.43t/a。

表 4-2 2011～2016 年流域禽畜散养情况

年份	牛/头	马/匹	羊/只	猪/头	家禽/只
2011	4 951	85	1 214	5 950	132 126
2012	4 843	73	2 085	6 441	175 006
2013	1 040	26	109	434	16 327
2014	905	15	116	374	16 152
2015	1 025	13	113	470	16 535
2016	970	13	112	453	16 482

5. 水土流失污染

磨盘山水库坝址以上植被较好，靠近河谷附近有部分耕地，故流域内的水土流失现象不严重，河流泥沙很少，总体上水土保持良好。流域内悬移质泥沙资料分析的多年平均侵蚀模数为 32.7t/（km$^2 \cdot$ a），坝址以上年总输沙量为 4.12 万 t。虽然流域内农田和居住地比例不高，但它们的分布地点比较敏感，距离水库水体较近，有一部分直接分布在水源一级保护区内，其他居民虽然没有在一级保护区内，但也主要沿水系分布，加上流域降水比较集中，降雨冲刷的泥沙和营养盐很容易直接进入河道，进而产生污染输入。因此，为了保障水源地的水质安全，应尽快使磨盘山水库一级保护区内居民搬迁，并进一步提高河流两岸林地的面积和树木质量，建立生态缓冲地带，采取退耕还林还草和生态补偿机制等综合生态治理措施。

不同用地类型上，土壤侵蚀强度依次为旱地＞水田＞中覆盖度草地＞高覆盖度草地＞其他建设用地＞滩地＞农村居民点＞其他林地＞疏林地＞灌木林。总体上，农田的土壤侵蚀较草地严重，而草地又较林地严重。不同坡度等级中，0°～3°的土壤侵蚀强度最强，25°以上的土壤侵蚀最弱。各种土壤类型中，水稻土的侵蚀强度最重，暗棕壤最轻。土壤养分有机质、总磷的丰缺程度为丰富，总氮的丰缺程度为较丰富。经核算，土壤流失造成的总氮流失量为 818.78t，总磷流失量为 155t。

4.1.3 内源污染源

由于水土流失和农业面源污染输入，磨盘山水库底泥不断增加。而底泥作为湖库的源和汇，特别是对于深水型湖库，温度分层，在特定条件下能释放大量氮磷，因此，底泥也是湖库水体重要污染源之一。根据调查，磨盘山水库在入库河口处底泥淤积比较严重,据计算,拉林河口处底泥量约占全部底泥量的 40%,即 1.3 万 t/a,其密度是平均密度的 7.5 倍,大沙河口处底泥也接近 5000t/a。而在春季汛期,库区冰雪融化,气温升高导致库区分层被打破,水力混合加剧,底泥将会成为污染源释放氮磷污染物。另外,在夏季降雨期,来水量大,库区水力交换周期短,也能导致一定的水力混合,使得淤积底泥被扰动而释放污染物。因此,对内源的控制,也是磨盘山水库需要关注的要点之一。

4.1.4　风险源

寒小公路是寒冲河至小兰岭的公路,全长近 70km,公路等级不高,属于通乡(村)公路,白色砼路面,路面宽 4.5m。该公路自寒冲河向南经沙河子镇、沈家营、新兴屯、大柜屯、三人班屯、福太屯、四间房、亮甸子屯、大杨树屯、长征森林经营所、永胜林地至小兰岭。寒小公路是沙河子镇通往磨盘山水库上游 9 个自然屯、7 个林场的主要公路,该公路约有 20km 位于水源地一级保护区内,公路在运输危险品、有毒有害物质时一旦发生泄漏则可能对水源地造成污染。此外,寒小公路有近 4km 的路段紧邻水库水面,公路受到水库水浪的冲刷、侵蚀,易产生水土流失,同时对公路的安全与稳定也产生不利影响。

4.2　污染负荷量统计

4.2.1　农业非点源污染负荷统计调查

1. 农村生活污水污染

2016 年,流域内共有常住居民 15 203 人,居民生活用水量(不包括畜禽用水)按 60L/(人·d)计,总用水量为 33.29 万 t/a。耗水按 30%考虑,则流域内居民生活污水量为 23.31 万 t/a。参照《全国水资源综合规划》(2010—2030 年)中面源污染排放系数及估算方法,污染物排放系数分别按化学需氧量(COD)45g/(人·d)、氨氮 3.0g/(人·d)、总氮 6.0g/(人·d)、总磷 1.2g/(人·d)进行计算,结果见表 4-3。流域内产生农村生活污染物排放量 COD 为 249.69/a,氨氮排放量为 16.65t/a,总氮排放量为 33.29t/a,总磷排放量为 6.67t/a。污染物入河系数根据地形及河流远近取平均值 7.5%,则每年 COD 入河量为 18.73t,氨氮入河量为 1.25t,总氮入河量为 2.50t,总磷入河量为 0.50t。

凤凰山国家森林公园在水源准保护区内,根据《黑龙江省凤凰山国家森林公园总体规划》(2016—2025 年),2016 年接待游人 30 万人。根据《用水定额》(DB 23/T727—2016),餐饮业按人均用水 40L/(人·d)计算,耗水按 30%考虑,景区生活污水产生量为 0.84 万 t/a。参照上述计算方法，凤凰山景区内生活污水 COD 排放量为 13.5t/a，氨氮排放量为 0.9t/a，总氮排放量为 1.8t/a，总磷排放量为 0.36t/a。污染物入河系数根据地形及河流远近也取平均值 7.5%，则每年 COD 入河量为 1.01t，氨氮入河量为 0.07t，总氮入河量为 0.14t，总磷入河量为 0.03t。

综合上述分析，2016 年磨盘山水库流域面源污染排放量为 COD 263.21t、氨氮 21.01t、总氮 35.09t、总磷 7.02t。入河量分别为 COD 19.74t、氨氮 1.32t、总氮 2.63t、总磷 0.53t。

2. 农村生活垃圾污染

磨盘山水库保护区内农村人口居住分散，在 2016 年以前，大多数村屯林场（所）没有固定的堆放垃圾场所和专门的垃圾收集、运输、填埋及处理系统，农村生活垃圾随意抛洒和堆放现象比较普遍，其中许多难以回收利用的固体废弃物，如一次性塑料制品、废旧电池、农药瓶、地膜、灯管等随意倒在田头、路旁、山脚和溪边。由于这些废弃物难以分解，农村暴露垃圾越来越多，严重影响了农村的生活环境。同时，随着时间的推移，混合垃圾腐烂、发臭以及发酵，不仅会释放出危害人体健康的气体，而且垃圾的渗滤液还会污染水体，遇大暴雨还会被地表径流冲刷至河流、水库。

村屯、林场（所）农村生活垃圾产生量按人均 2kg/d 计，共产生生活垃圾 30.4t/d，年产生量为 11 098.19t/a，凤凰山森林公园年接待游客约 30 万人，产生生活垃圾量为 600t/a。垃圾中的污染物分别按总氮占 0.21%、总磷占 0.22%、氨氮占 0.021% 进行计算。同时，垃圾中所含污染物的入河系数按 7.5% 进行计算，农村生活垃圾中污染物的入河量见表 4-4。

计算结果显示，年产垃圾 11 098.19t/a，年产生总氮 23.31t/a、总磷 24.42t/a、氨氮 2.33t/a；年入河总氮 1.75t/a、总磷 1.83t/a、氨氮 0.17t/a。

3. 农村人粪尿污染

农村日常生活产生的人粪尿按人均 1.5kg/d 计，水库上游人粪尿产生量为 0.83 万 t/a，凤凰山森林公园景区为 0.045 万 t/a，污染物排放系数分别按化学需氧量（COD）2.4g/（人·d）、氨氮 0.014g/（人·d）、总氮 0.35g/（人·d）、总磷 0.04g/（人·d）计算，主要污染物 COD 为 13.32t/a、氨氮为 0.08t/a、总氮为 1.94t/a、总磷为 0.22t/a。污染物入河系数取平均值 7.5%，则每年 COD 入河量为 1.0t/a，氨氮入河量为 0.01t/a，总氮入河量为 0.15t/a，总磷入河量为 0.02t/a。

农村人粪尿污染物产生量见表 4-5。

表 4-3　生活污水中污染物入河量（2016 年）

区域	村屯［林场（所）］	人口/人	生活污水量/（万 t/a）	污染物排放量/（t/a）				污染物入河量/（t/a）			
				COD	氨氮	总氮	总磷	COD$_r$	氨氮	总氮	总磷
大柜村	大柜屯	310	0.48	5.09	0.34	0.68	0.14	0.38	0.03	0.05	0.01
	大桥屯	150	0.23	2.46	0.16	0.33	0.07	0.18	0.01	0.02	0.00
	新建屯	190	0.29	3.12	0.21	0.42	0.08	0.23	0.02	0.03	0.01
三人班村	三人班屯	1219	1.87	20.02	1.33	2.67	0.53	1.50	0.10	0.20	0.04
	王家街屯	550	0.84	9.03	0.60	1.20	0.24	0.68	0.05	0.09	0.02
福太村	福太屯	845	1.30	13.88	0.93	1.85	0.37	1.04	0.07	0.14	0.03
	四间房	338	0.52	5.55	0.37	0.74	0.15	0.42	0.03	0.06	0.01
	亮甸子屯	846	1.30	13.90	0.93	1.85	0.37	1.04	0.07	0.14	0.03
	大杨树屯	228	0.35	3.74	0.25	0.50	0.10	0.28	0.02	0.04	0.01
山河屯林业局	曙光森林经营所	1476	2.26	24.24	1.62	3.23	0.65	1.82	0.12	0.24	0.05
	长征森林经营所	1008	1.55	16.56	1.10	2.21	0.44	1.24	0.08	0.17	0.03
	永胜森林经营所	1121	1.72	18.41	1.23	2.45	0.49	1.38	0.09	0.18	0.04
	红旗森林经营所	1417	2.17	23.27	1.55	3.10	0.62	1.75	0.12	0.23	0.05
	铁山森林经营所	3619	5.55	59.44	3.96	7.93	1.59	4.46	0.30	0.59	0.12
	凤凰山森林经营所	1886	2.89	30.98	2.07	4.13	0.83	2.32	0.15	0.31	0.06
合计		15 203	23.31	249.69	16.65	33.29	6.67	18.73	1.25	2.50	0.50

表4-4 生活垃圾污染物入河量（2016年）

区域	村屯[林场（所）]	人口/人	生活垃圾产生量		年污染物产生量/（t/a）				年污染物入河量（t/a）			
			日产/t	年产/万 t	总氮	总磷	氨氮		总氮	总磷	氨氮	
大柜村	大柜屯	310	0.6	226.30	0.48	0.50	0.05		0.04	0.04	0.00	
	大桥屯	150	0.3	109.50	0.23	0.24	0.02		0.02	0.02	0.00	
	新建屯	190	0.4	138.70	0.29	0.31	0.03		0.02	0.02	0.00	
三人班村	三人班屯	1219	2.4	889.87	1.87	1.96	0.19		0.14	0.15	0.01	
	王家街屯	550	1.1	401.50	0.84	0.88	0.08		0.06	0.07	0.01	
福太村	福太屯	845	1.7	616.85	1.30	1.36	0.13		0.10	0.10	0.01	
	四间房	338	0.7	246.74	0.52	0.54	0.05		0.04	0.04	0.00	
	棠甸子屯	846	1.7	617.58	1.30	1.36	0.13		0.10	0.10	0.01	
	大杨树屯	228	0.5	166.44	0.35	0.37	0.03		0.03	0.03	0.00	
山河屯林业局	曙光森林经营所	1476	3.0	1 077.48	2.26	2.37	0.23		0.17	0.18	0.02	
	长征森林经营所	1008	2.0	735.84	1.55	1.62	0.15		0.12	0.12	0.01	
	永胜森林经营所	1121	2.2	818.33	1.72	1.80	0.17		0.13	0.14	0.01	
	红旗森林经营所	1417	2.8	1 034.41	2.17	2.28	0.22		0.16	0.17	0.02	
	铁山森林经营所	3619	7.2	2 641.87	5.55	5.81	0.55		0.42	0.44	0.04	
	凤凰山森林经营所	1886	3.8	1 376.78	2.89	3.03	0.29		0.22	0.23	0.02	
合计		15 203	30.4	11 0981.9	23.31	24.42	2.33		1.75	1.83	0.17	

表4-5　农村人粪尿污染物入河量（2016年）

区域	村屯[林场（所）]	人口/人	人粪尿产生量		污染物产生量/(t/a)				污染物入河量/(t/a)			
			日产/t	年产/万t	COD	氨氮	总氮	总磷	COD	氨氮	总氮	总磷
大柜村	大柜屯	310	0.47	0.02	0.27	0.00	0.04	0.00	0.02	0.00	0.00	0.00
	大桥屯	150	0.23	0.01	0.13	0.00	0.02	0.00	0.01	0.00	0.00	0.00
	新建屯	190	0.29	0.01	0.17	0.00	0.02	0.00	0.01	0.00	0.00	0.00
三人班村	三人班屯	1 219	1.83	0.07	1.07	0.01	0.16	0.02	0.08	0.00	0.01	0.00
	王家街屯	550	0.83	0.03	0.48	0.00	0.07	0.01	0.04	0.00	0.01	0.00
福太村	福太屯	845	1.27	0.05	0.74	0.00	0.11	0.01	0.06	0.00	0.01	0.00
	四间房	338	0.51	0.02	0.30	0.00	0.04	0.00	0.02	0.00	0.00	0.00
	亮甸子屯	846	1.27	0.05	0.74	0.00	0.11	0.01	0.06	0.00	0.01	0.00
	大杨树屯	228	0.34	0.01	0.20	0.00	0.03	0.00	0.01	0.00	0.00	0.00
山河屯林业局	曙光森林经营所	1 476	2.21	0.08	1.29	0.01	0.19	0.02	0.10	0.00	0.01	0.00
	长征森林经营所	1 008	1.51	0.06	0.88	0.01	0.13	0.01	0.07	0.00	0.01	0.00
	永胜森林经营所	1 121	1.68	0.06	0.98	0.01	0.14	0.02	0.07	0.00	0.01	0.00
	红旗森林经营所	1 417	2.13	0.08	1.24	0.01	0.18	0.02	0.09	0.00	0.01	0.00
	铁山森林经营所	3 619	5.43	0.20	3.17	0.02	0.46	0.05	0.24	0.00	0.03	0.00
	凤凰山森林经营所	1 886	2.83	0.10	1.65	0.01	0.24	0.03	0.12	0.00	0.02	0.00
合计		15 203	22.80	0.83	13.32	0.08	1.94	0.22	1.00	0.01	0.15	0.02

注：因四舍五入导致最后一行合计可能与各行数据和不完全相符。

4. 农村分散式畜禽养殖污染

畜禽养殖污染是指在畜禽养殖过程中排放的粪便、尿液及垫料，冲洗和饲养场地、器具产生的污水及恶臭等对环境造成的危害和破坏。

根据调查，按照《畜禽养殖业污染物排放标准》（GB 18596—2001）中推荐的估算系数和保护区内畜禽的数量，来计算畜禽的粪尿排泄量。依据表 4-6～表 4-8 给出的各项参数，并结合畜禽粪尿的氮磷含量，进而得出保护区内畜禽氮、磷的排泄总量。

表 4-6　畜禽粪便排泄量

种类	大牲畜（牛、马、驴）	羊	猪	其他（禽类）
排泄量/[kg/（只·d）]	25	2.0	3.5	0.1

表 4-7　畜禽粪便污染物含量　　　　　　（单位：%）

项目	大牲畜（牛、马、驴）	羊	猪	其他（禽类）
化学需氧量	3.10	0.46	5.20	4.50
氨氮	0.17	0.08	0.31	0.28
总氮	0.44	0.75	0.59	0.99
总磷	0.12	0.26	0.34	0.58

表 4-8　畜禽粪便污染物进入水体流失率（2016 年）（单位：%）

项目	大牲畜（牛、马、驴）	羊	猪	其他（禽类）
化学需氧量	6.16	5.50	5.58	8.59
氨氮	2.22	4.10	3.04	4.15
总氮	5.68	5.30	5.25	8.47
总磷	5.50	5.20	5.25	8.42

计算结果显示，2016 年磨盘山水库流域内畜禽养殖中畜禽粪便产生量为 1.02 万 t/a。根据各污染物进入水体的流失率，最终得出整个流域区内畜禽养殖产生的非点源污染物入河量。畜禽养殖污染物产生及入河量见表 4-9。从表 4-9 中可以看到，畜禽养殖产生的污染物中，COD 入河量最大，达到了 25.17t/a；氨氮为 1.41t/a；总氮和总磷的入河量分别为 3.71t/a 和 1.23t/a。

表 4-9　畜禽粪便污染物产生量及入河量（2016 年）

（单位：t/a）

区域	村屯[林场（所）]	大牲畜粪便排泄量	羊粪便排泄量	猪粪便排泄量	家禽粪便排泄量	污染物产生量				污染物入河量			
						COD	氨氮	总氮	总磷	COD	氨氮	总氮	总磷
大柜村	大柜屯	365.00	0.00	12.78	11.50	12.50	0.69	1.80	0.55	0.94	0.05	0.13	0.04
	大桥屯	27.38	0.00	76.65	2.01	4.92	0.29	0.59	0.31	0.37	0.02	0.04	0.02
	新建屯	0.00	0.00	0.00	2.74	0.12	0.01	0.03	0.02	0.01	0.00	0.00	0.00
三人班村	三人班屯	0.00	0.00	0.00	0.00	0.00	0.00	0.00	0.00	0.00	0.00	0.00	0.00
	王家街屯	0.00	0.00	0.00	0.00	0.00	0.00	0.00	0.00	0.00	0.00	0.00	0.00
福太村	福太屯	182.50	0.00	160.97	114.25	19.17	1.13	2.88	1.43	1.44	0.08	0.22	0.11
	四间房	1 186.25	0.00	15.33	16.61	38.32	2.11	5.47	1.57	2.87	0.16	0.41	0.12
	亮甸子屯	6 113.75	0.00	19.16	120.45	195.94	10.79	28.21	8.10	14.70	0.81	2.12	0.61
	大杨树屯	273.75	0.00	0.00	18.25	9.31	0.52	1.39	0.43	0.70	0.04	0.10	0.03
山河屯林业局	曙光森林经营所	0.00	0.00	47.27	16.53	3.20	0.19	0.44	0.26	0.24	0.01	0.03	0.02
	长征森林经营所	0.00	54.75	48.55	22.41	3.78	0.26	0.92	0.44	0.28	0.02	0.07	0.03
	永胜森林经营所	0.00	7.30	63.88	40.22	5.17	0.32	0.83	0.47	0.39	0.02	0.06	0.04
	红旗森林经营所	821.25	9.49	30.66	126.55	32.79	1.85	5.12	1.85	2.46	0.14	0.38	0.14
	铁山森林经营所	0.00	10.22	79.21	53.98	6.59	0.40	1.08	0.61	0.49	0.03	0.08	0.05
	凤凰山森林经营所	0.00	0.00	24.27	56.10	3.79	0.23	0.70	0.41	0.28	0.02	0.05	0.03
合计		8 969.88	81.76	578.71	601.59	335.61	18.79	49.45	16.43	25.17	1.41	3.71	1.23

5. 化肥污染

化肥引发的水污染主要是由大量未被植物吸收利用的肥料，在降雨径流的作用下，随着水土流失和地表径流进入水库引起的。磨盘山水库流域内共有耕地 6242.5hm²，其中水田 840.4hm²，旱田 5402.1hm²，人均耕地 0.33hm²。化肥利用以氮肥为主，磷、钾肥使用相对较少。其中氮肥以尿素[CO（NH₂）₂]、碳酸氢氨（NH₄HCO₃）为主，钾肥以硫酸钾（K₂SO₄）、氯化钾（KCl）为主，磷肥主要是磷酸二铵[（NH₄）₂HPO₄]。据统计结果显示，虽然在实施退耕还林，化肥使用量仍呈增加趋势，其中山河屯林业局基本稳定，增量主要因村屯使用所致。2016 年流域内种植业使用化肥 4941t，而根据哈尔滨市农业委员会统计，2016 年全市亩均化肥使用量 16kg，则 2016 年化肥使用量（折纯量）约为 1497t。在该区域中，化肥使用量（折纯量）使用比例大致为 N：P：K＝1：0.32：0.59，则氮肥（折纯量）使用量为 784t/a，磷肥（折纯量）为 251t/a，钾肥（折纯量）为 462t/a。氮肥的利用率仅为 20%～35%；由于土壤对磷的强固定作用，磷肥的利用率为 10%～20%；钾肥的利用率为 35%～50%。

化肥入河量计算公式如下：

$$总氮＝氮有效成分折纯量×20\% \tag{4-1}$$

$$氨氮＝氮有效成分折纯量×20\%×10\% \tag{4-2}$$

$$总磷＝磷有效成分折纯量×15\% \tag{4-3}$$

经计算得出，因施用化肥而以总氮形式进入水体的量为 156.8t/a，总磷为 37.65t/a，氨氮为 15.68t/a。

6. 农业非点源污染源调查结果

农业非点源污染的来源主要有农村生活污水、生活垃圾、农田使用化肥农药和畜禽养殖等，不同来源排放的污染物对水库水质影响的程度不同，为了便于直观比较它们对水库水质影响的贡献率的差异，现将 2016 年流域内农业非点源中各种来源污染物入河量情况列于表 4-10 和图 4-3。

从表 4-10 可知，农田化肥污染是各种来源中最大的污染源，是产生非点源污染物的主要形式，因使用化肥而带来的非点源污染物中，总氮的入河量为 156.8t/a，总磷为 37.65t/a，分别占农业非点源污染总氮、总磷入库量的 94.8%和 90.8%。畜禽养殖也是一个重要的污染源，输入水库的总氮量为 3.71t/a、总磷量为 1.23t/a，分别占农业非点源污染总氮、总磷入库量的 2.23%和 2.96%，对水质具有潜在威胁。生活污水和生活垃圾对水库的水质影响次之，其总氮的入河量分别为 2.63t/a 和 1.84t/a，总磷的入河量分别为 0.53t/a 和 1.93t/a，虽然生活垃圾的总氮产生量不高，但由于总磷产生量相对较大，垃圾的成分复杂，堆放时间长，经过复杂的物理化学作用，会生成大量危害性大的污染物，污染水体和土壤。

表 4-10　各种来源污染物入河量比较（2016 年）　（单位：t/a）

污染物	生活污水	生活垃圾	畜禽养殖	农田化肥	人粪便量	总计
总氮	2.63	1.84	3.71	156.8	0.15	165.13
总磷	0.53	1.93	1.23	37.65	0.006	41.36
氨氮	1.32	0.18	1.41	15.68	0.01	18.597

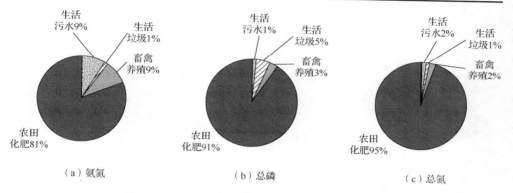

图 4-3　流域内农业非点源中各污染源占比情况图

4.2.2　水土流失面源调查

1. 吸附态污染物

采用通用土壤流失方程（universal soil loss equation，USLE）来进行土壤侵蚀量的估算，利用区域内不同土地利用类型的降雨、土壤、地形、植被、耕作方式和水土保持措施的值，计算出该区多年平均土壤侵蚀量，并进一步求出吸附态非点源污染物的入库量。

$$X = 1.29EK(\mathrm{LS})CP \qquad\qquad (4\text{-}4)$$

式中，X——单位面积土壤侵蚀量，t/hm²。

E——降雨侵蚀参数，E 值为 163.58。

LS——地形因子。根据当地的地形及土地利用类型的不同，分别确定林地、耕地和村庄的 LS。通过调查计算可得，耕地的均值 L 为 100m，坡面角度 θ 为 2.5°，LS 值为 0.71；林地的均值 L 为 150m，坡面角度 θ 为 25.0°，LS 值为 29.59；村庄的均值 L 为 40m，坡面角度 θ 为 2.0°，LS 值为 0.39。

K——土壤侵蚀性因子。参考《非点源污染对磨盘山水库影响及防治对策研究》（2006 年 12 月哈尔滨市环境监测中心站），K 取值范围为 0.12～0.19。

C——植被覆盖因子。林地的 C 值取 0.01；耕地的 C 值取 0.25；交通用地、采矿用地、裸地、村庄 C 值取 0.90。

P——水土保持措施参数。耕地 P 值取 0.40；交通用地、采矿用地、裸地、村庄 P 值取 0.10；林地 P 值取 0.17。

1) 土壤侵蚀量计算

规划区域内总的土壤侵蚀量计算公式为

$$W=\sum_{i=1}^{m} X_i A_i \tag{4-5}$$

式中，W——流域侵蚀量，t；

X_i——小区单位面积侵蚀量，t/hm²；

A_i——小区面积，hm²；

m——流域小区数目。

该规划区域内土壤侵蚀量情况见表 4-11。

表 4-11　水库流域内土壤侵蚀量

土地利用类型	模型参数					面积/hm²	单位面积侵蚀量/（t/hm²）	侵蚀量/t	比例/%
	E	K	LS	C	P				
村庄、交通用地、采矿用地、裸地	163.58	0.12	0.39	0.90	0.10	877	0.89	780.53	3.79
耕地	163.58	0.19	0.71	0.25	0.40	6 243	2.85	17 792.55	8.61
林地	163.58	0.17	29.59	0.01	0.17	104 362	1.8	187 851.60	91.00
总计						111 482	—	206 424.68	100

由表 4-11 可知，在村庄、交通用地、采矿用地、裸地和耕地、林地不同土地利用类型中，耕地面积虽小，但农户的耕作种植使得土层松动，在降雨条件下，最易发生土壤侵蚀，土壤侵蚀量为 17 792.55t，占总的侵蚀量的 8.61%；村庄、交通用地、采矿用地、裸地土壤侵蚀量仅为 780.53t，占总的侵蚀量的 3.79%；该区林地的植被覆盖率高，林木及地面植被很好地起到了防止水土流失的作用，使得林区发生土壤侵蚀的可能性较小，但林区的面积广大，土壤侵蚀量为 187 851.60t，占总侵蚀量的 91.00%。

2) 泥沙入库量计算

磨盘山水库库岸周围大部分为低山，坡度一般小于 30°，局部为山前倾斜台地或阶地，台地坡度小于 15°，阶地平坦，植被覆盖良好。水库一级保护区范围小，在降雨径流作用下，泥沙可以直接流入库区；二级保护区及准保护区范围较大，区域内产生的泥沙主要是通过拉林河、大沙河、洒沙河的输移进入库区，库区的输沙率较低，为 0.20。库区内每年发生的土壤侵蚀量为 206 424.68t，输沙率为 0.20。计算可得，每年进入库区的泥沙总量为 41 284.94t。

　　3）氮磷输入量计算

　　从非点源污染对水库的影响来看，氮磷是其主要污染物。采用金春久等（2004）对松花江流域面源污染的研究，磷的富集率为 2.0。库区地表径流中污染物含量平均值采用哈尔滨市环境监测中心站编制《非点源污染对磨盘山水库影响及防治对策研究》中所采用的数据，监测结果见表 4-12。

表 4-12　土壤和泥沙中总氮总磷污染物浓度　　（单位：mg/kg）

土壤中污染物质量分数		泥沙中污染物质量分数	
总氮	总磷	总氮	总磷
2104.9	1603.7	4209.8	3207.4

　　库区泥沙中吸附态污染物年入库量公式为

$$W_a = 10^{-6} C_s Y \qquad (4\text{-}6)$$

式中，W_a——水库流域泥沙中吸附态污染物年入库量，t/a；

　　　　C_s——泥沙中污染物浓度，mg/L；

　　　　Y——水库流域年泥沙流失量，t/a。

　　计算结果表明，每年流入库区的泥沙总量是 41 284.94t，泥沙中总氮的浓度为 4209.8mg/kg，总磷的浓度为 3207.4mg/kg。因此，每年通过地表径流作用，进入库区的吸附态氮的量为 173.80t，吸附态磷的量为 132.41t。

　　2. 溶解态污染物

　　溶解态氮磷是指溶解在水中进入水库的氮和磷，溶解态氮磷主要是通过拉林河、大沙河和洒沙河进入库区的。计算公式为

$$B = 100 \sum_{i=1}^{m} C_i Q_i \qquad (4\text{-}7)$$

式中，B——水库流域年径流污染物负荷量，t/a；

　　　　C_i——第 i 条入库河流中污染物的年均浓度，mg/L；

　　　　Q_i——第 i 条入库河流的年均径流量，亿 m³/a；

　　　　m——入库的河流数。

　　计算结果显示，每年以溶解态进入库区的总氮的量为 644.98t，总磷的量为 22.59t。

　　3. 水土流失面源计算结果

　　进入库区氮磷的总量为吸附态氮磷和溶解态氮磷的加和，结果见表 4-13。

表 4-13　水库流域内水土流失面源氮磷的入库量　　（单位：t/a）

吸附态		溶解态		合计	
总氮	总磷	总氮	总磷	总氮	总磷
173.80	132.41	644.98	22.59	818.78	155

从表 4-13 中可以看出，每年通过地表径流进入水库的总氮为 818.78t，总磷为 155t。每年吸附态总氮的入库量为 173.80t，总磷的入库量为 132.41t；溶解态总氮的入库量为 644.98t，总磷的入库量为 22.59t。通过对比分析可知，进入水库的非点源污染物中总氮的入库形式以溶解态为主，溶解态氮占入库总氮的 78.8%；总磷的入库形式以吸附态为主，吸附态磷占入库总磷的 85.5%。

4.3　污染负荷排放变化趋势

除详细计算上述 2016 年的污染负荷外，本书还根据调查获得的人口、畜禽、化肥使用量分别计算了 2011～2016 年各污染源的排放情况。由于土壤侵蚀模数计算采用多年平均数据，本节认为土壤流失引入的污染负荷恒定不变。面源污染负荷调查结果见表 4-14。

表 4-14　2011～2016 年磨盘山水库流域单位面积面源负荷统计表

年份	流域面积/km²	面源污染物合计/（t/a）			面源污染物负荷合计/[t/（km²·a）]		
		COD	总氮	总磷	COD	总氮	总磷
2011	1151	173.83	960.56	191.84	0.15	0.83	0.17
2012	1151	180.25	962.13	192.73	0.16	0.84	0.17
2013	1151	48.62	974.31	192.56	0.04	0.85	0.17
2014	1151	45.17	941.54	184.67	0.04	0.82	0.16
2015	1151	47.95	974.22	192.54	0.04	0.85	0.17
2016	1151	44.91	981.87	194.38	0.04	0.85	0.17

依据上述数据，作出流域污染负荷排放量逐年变化趋势图。如图 4-4 所示，2011～2016 年，磨盘山水库 COD 自 2012 年后，呈迅速下降趋势后趋于稳定，这主要是实施生态补偿后，林业局严格禁止畜禽养殖，污染负荷大幅度减小所致。2016 年 COD 排放负荷量比 2011 年降低了 74%（图 4-4）。总氮、总磷的排放量变化趋势一致，除 2014 年出现下降趋势外，总体呈逐年增加的趋势，从各年份的排放量可以看出，这是化肥使用量不断增加所致。2016 年总氮、总磷的排放负荷量分别比 2011 年增加了 2.2%、1.3%（图 4-5 和图 4-6）。

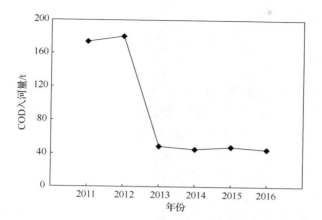

图 4-4　2011～2016 年磨盘山水库流域 COD 排放负荷变化趋势图

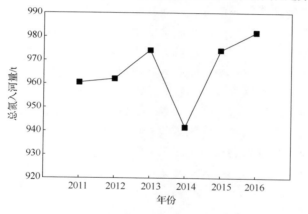

图 4-5　2011～2016 年磨盘山水库流域总氮排放负荷变化趋势图

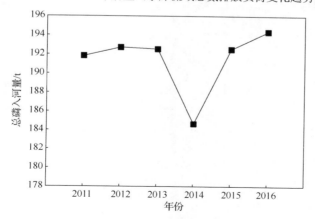

图 4-6　2011～2016 年磨盘山水库流域总磷排放负荷变化趋势图

4.4 流域水污染成因分析

通过对磨盘山水库内污染物输入输出情况分析，水库来水主要依靠 3 条入库河流及汇水区域的地表径流。3 条入库河流分别为拉林河、洒沙河以及大沙河，拉林河约占入库流量的 2/3，大沙河占 1/4 以上，而洒沙河所占的比例很小。根据污染源调查结果，水库上游几乎不存在工业点源污染，水体中也未检出相关特征污染物，由于水源保护区上游村屯的客观存在，其生活污染物的输入成为湖库人为污染的重要途径。

农村居民的生活垃圾、生活污水、畜禽养殖和农田施肥、农药等是目前磨盘山水库非点源污染的主要来源。磨盘山水库二级保护区以及准保护区内有居民上万人。农村人口的住所比城市分散，而且大多数的农村没有设置堆放垃圾场所，也没有建立专门的垃圾收集、运输、填埋及处理系统，因而农村生活垃圾往往被随意抛洒和堆放。水库周边的生活垃圾和生产垃圾主要由农村生活垃圾、农村分散式畜禽养殖污染物以及农药化肥组成。凤凰山国家森林公园在磨盘山水源地的准保护区内，大量的游客不仅会产生大量的生活污水，而且会破坏湿地，直接影响水源地的水量和水质。水库周边的耕地面积约为 5500hm^2，农民每年会使用大量的化肥和农药，其中未被农作物吸收利用的肥料，在降雨的作用下，会随着地表径流以及水土流失进入磨盘山水库水体中。

第5章 生态补偿工程实施情况与成效

5.1 生态保护总体投入情况

磨盘山水库水源地已实施的环境保护工程主要有设立了一级保护区的铁丝围网；三人班村、大柜村、工农森林经营所的水污染治理和垃圾治理；西山屯搬迁；三人班村和大柜村种植沙棘；水库一级保护区边界种植水源涵养林；山河屯林业局退耕还林；水质在线自动监测及视频监控等。工程总投资 3525 万元，实施主体主要是哈尔滨市环境保护局、磨盘山水库管理处、五常市政府和山河屯林业局。2008～2012 年实施的环保工程见表 5-1。

表 5-1 磨盘山水库水源地已实施环境保护工程统计（2008～2012 年）

保护措施		建设地点及主要建设内容	数量	投资/万元	时间	实施主体
隔离防护		318m 水位线铁丝网护栏隔离防护，位于水库库尾距离村屯较近的地方，主要在大柜村、三人班村等处	20km	1200	2011 年	
保护区立标		一级保护区立标（建设地点：三人班村、大柜屯、工农森林经营所共 3 处）	30 个	3		
污染治理	污水治理	污水储存井	895 座	230	2008 年	哈尔滨市环境保护局
		污水清运车	4 辆	50		
		小型污水处理站，建设地点位于沙河子镇中学北，处理规模 120m³/d	1 座	80		
		环保厕所（原有厕所基础上加玻璃防渗箱）	895 个	40		
		车库，污水处理站院内	1 个	22		
		值班室，污水处理站院内	1 个	13		
	垃圾治理	移动式垃圾压缩转动箱	4 个	104		
		拉臂车	2 台	80		
搬迁		一级保护区内的西山屯搬迁完成	35 户	520	2012 年	五常市政府

保护措施	建设地点及主要建设内容	数量	投资/万元	时间	实施主体
生态修复	水源涵养林：水库一级保护区内种植	19.5km	300	2008 年	水库管理处
	种植沙棘：三人班村北 200m 和大柜村北 100m 共二处	1.0hm²	10		
	山河屯林业局退耕还林	3580 亩	473	2012 年	山河屯林业局
监测监控	水质自动在线监测	1 套	300	2012 年	水库管理处
	视频监控	1 套	100	2012 年	市环保局
合计			3525		

各年份的环保投入资金见表 5-2。从投资工程类别来看，其中用于隔离防护、监测监控等与管理相关的投入约为 1600 万元，用于搬迁的投入为 520 万元，实际用于污染防治的污水处理、垃圾收集等共计约 845 万元，用于退耕还林、植树防治水土流失投入约 783 万元。从投资年份来看，在未实施生态补偿前，在 2011 年和 2012 年投入最大，均超过 1000 万元，其次是在水库工程早期建设中的 2008 年，为 929 万元。值得注意的是，2008 年投入建设的污水处理站基本处于荒废状态，未发挥应有功效。自 2012 年实施生态补偿工程后，中央督察反馈问题后，哈尔滨市除自 2016 年开始年投入 100 万元用于垃圾处理外，无其他投入。根据生态补偿资金调查结果，垃圾处置、村镇生活污染、种植业等农业面源污染治理投入不足，然而，根据水库流域内污染源调查结果，农业非点源涉及的生活污水、生活垃圾、畜禽粪便等农村生活污染源需要开展重点整治。另外，农业种植和降雨径流也是水库重要的污染源，而相关的环保设施，如人工湿地、林地防护带、入库河流前置库工程等均未见有投资建设。根据磨盘山水质特征和富营养化的趋势压力，在后期的环境保护中应当加大投入，开展上述工程的建设，以有效防治污染，降低输入负荷，改善水质。

依据流域生产总值，计算得出磨盘山水库流域历年来环保投资指数，如图 5-1 所示。2011～2016 年，磨盘山水库流域环保投资指数在 2012 年达到最高值，达 8.32%，这是由于生态补偿资金在 3900 万元的基础上一次性追加 1200 万元补偿历史欠账，另外，2012 年得到了国家"十一五"松花江流域水污染防治规划增补项目的资助和投入。自 2012 年后，除了生态补偿资金，基本没有得到其他投入，所以自 2013 年开始，环保指数开始呈现下降趋势，从 2013 年的 4.21%下降至 2016 年的 3.40%。

表 5-2　磨盘山水库水源地环境保护工程投入　（单位：万元）

工程类别	2008 年	2011 年	2012 年	2013 年	2014 年	2015 年	2016 年
污水处理	435	0	0	0	0	0	0
垃圾处置	184	0	126	0	0	0	100
隔离防护	0	1203	0	0	0	0	0
搬迁	0	0	520	0	0	0	0
生态修复	310	0	473	0	0	0	0
生态补偿	0	0	5100	3900	3900	3900	3900
监测监控	0	0	400	0	0	0	0
合计	929	1203	6619	3900	3900	3900	4000

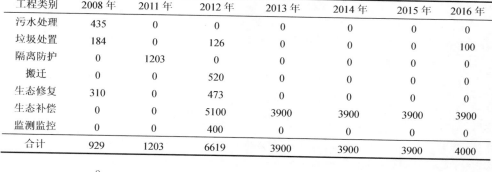

图 5-1　磨盘山水库流域历年环保投资指数变化图

5.1.1　村落污水收集与处理现状

　　调查发现，2008 年开始逐步在二级保护区内实施污水井和污水处理站建设工程，但由于后期管理没有跟上，只建不管，工程治理没有发挥作用，三人班村、大柜村和工农森林经营所污水井已经废弃，其中建设的污水井处于荒废状态，沙河子镇的污水处理站也没有运行。因此，目前磨盘山水库流域内产生的生活污水和村镇污水没有经过收集和处理，处于随意排放状态。根据污染源的调查结果，保护区内现有近 2 万人，加之凤凰山国家森林公园目前年接待旅客约 30 万人，汇水区内生活污水排放量也较大，但景区内尚无污水处理设施。因此，急需针对农村生活污水和景区生活污水分别建立农村分散型污水处理设施和集中式污水处理厂，对生活污水进行有效处理。

5.1.2 村落垃圾收集与处理现状

自 2016 年后，哈尔滨市政府每年投入 100 万元资助五常市处置生活垃圾，在各行政村设置了生活垃圾箱（桶）、垃圾存放点、垃圾清运车，收集后装运至山河屯林业局奋斗林场进行处置。

对于山河屯林业局，哈尔滨市环境保护局分别于 2012 年投入 184 万元配置了 2 台拉臂车和 4 个移动式垃圾压缩转动箱以及 2013 年增加投入 10 台垃圾压缩清运车对保护区内涉及的山河屯林业局管辖的各林场垃圾进行收集转运，特别是山河屯林业局利用生态补偿资金建立了垃圾清运、收集、处理的长效机制，林业局给每个林场配 1 台清运车辆和 1 名司机、4 名保洁员，每个林场配备 30～50 个垃圾桶，并设专人管理，制定清运保障、清运原则、清运地点、清运范围、清运分类、清运奖惩等多项规章制度。因此，自 2016 年后，流域内的生活垃圾基本收集到位，实现了规范化处置，收集率基本达到 80%。

然而，由于凤凰山景区部分位于磨盘山水库准保护区内，凤凰山景区每年有近 900t 的垃圾要运到库区以外的垃圾处理场进行处理，垃圾处置压力大。同时，随着凤凰山景区的快速发展，旅游人数逐年显著增加，景区产生的生活垃圾量也随之增加，而按照目前配备的垃圾转运车辆、保洁人员及处理能力均难以满足日益增加的垃圾量处理要求。生活垃圾是典型的生活污染源，其处理不妥，对水库水质威胁较大，因此，需要加大投入，努力提升生活垃圾处理监控管理水平。

5.1.3 人畜粪便收集与处理现状

根据调查，流域内居民大多住在砖瓦房，人畜共居，未对人、畜禽粪尿进行有效处理。库区村落（除景区景点外）厕所类型多数为旱厕，磨盘山水库及入库河流沿岸村庄的粪便随意堆放的现象较普遍。目前磨盘山水库流域内村庄日产生粪便 1.90 万 t，其中人产生粪便 0.88 万 t，畜禽产生粪便 1.02 万 t。

5.1.4 流域内旅游业污水处理现状

由于凤凰山景区旅游人数逐年增加，流域内共有大小宾馆酒店 140 余家，共有床位 5000 余张，年产生污水量约 13t，而景区一般大小的餐馆、宾馆酒店也未建有分散或集中式污水处理设施，仅相对较大的宾馆采用化粪池或渗井处置后随意排放，其他均为随意泼洒。

5.2　生态补偿工程预期目标

实施磨盘山水库流域生态补偿工程的目标，就是通过停伐、植树造林恢复森林植被，实现磨盘山水库流域生态环境的好转。把生态补偿工程与调整当地产业结构、促进经济和全社会的可持续发展相结合，坚持"宜乔则乔、宜灌则灌"的原则，努力实现生态效益与经济效益"双赢"目标。

从哈尔滨市政府与山河屯林业局签订的停伐协议的初衷来看，开展磨盘山水库生态补偿具有多重目标。其中最为迫切的需要就是保障磨盘山水库涵养水源的能力和保障饮用水水源地水质持续稳定达标。经过 2011～2016 年近 5 年的实践，需要对生态补偿工程实施的成效进行全面梳理，以便为磨盘山水库流域生态补偿的后续政策的制定和设计提供更加科学的依据和借鉴。

5.3　生态补偿资金投入情况

自《协议》执行以来，哈尔滨市政府严格按照《协议》要求如期拨付生态补偿资金给山河屯林业局。截至 2016 年 12 月，2012～2015 年的补偿资金已全部拨付到位，2016 年的生态补偿资金已拨付 2600 万元，截至 2016 年 12 月，哈尔滨市政府共拨付给山河屯林业局生态补偿资金 1.94 亿元，其中 2012～2015 年拨付了 1.68 亿元。

自生态补偿工程实施以来，山河屯林业局在水库汇水区内涉及的磨盘山（部分林班）、奋斗（部分林班）、铁山、凤凰山、长征、永胜、白石砬、曙光 8 个林场（所）全面停止了采伐作业，并大力加强森林抚育管护水平建设，同时在水源地汇水区内高山陡坡、生态脆弱地带进行退耕还林，植被恢复约 3600 亩。根据 2012～2015 年生态补偿资金的统计情况（表 5-3），各年份的生态补偿资金均主要用在了森林抚育和退耕还林上，两项合计投入 8964 万元，占到生态补偿资金总额的 53.3%；自《协议》执行以来，每年还在苗木采购、森林防火、病虫防害等方面加强了林业管理能力的系统建设，2012～2015 年，苗木采购、病虫防害、森林防火累积分别投资约 184 万元、420 万元、202 万元。另外，山河屯林业局也积极加强基础设施建设与改善民生，在供水工程、道路建设、房屋建设、公园建设方面也累计投入近 2000 万元（约占生态补偿资金的 10.3%）；在 2012 年、2015 年分别投入 103 万元和 160 万元，用于胜利森林经营所河道清淤、疏浚工程和防洪基础设施建设工程；近几年来，林业局也大力开展招商引资，积极发展旅游业和拓展林业经济发展模式，大力推动产业结构调整，其中在旅游产业投入较大，2012～2015 年，山河屯林业局累计投入约 3485 万元，占到补偿资金的 20.7%。

总体而言，2012～2015 年山河屯林业局从哈尔滨市政府获得可支配的补偿资金共 16 800 万元，除去旅游投入的 3485 万元外，其他均用作生态补偿工作，其中加强森林抚育与退耕还林的投入资金占到了补偿资金总额的 53.3%，发展替代产业（旅游）的投入约占 20.7%。

表 5-3　生态补偿资金年度总体使用情况　　　　（单位：万元）

生态补偿资金用途	2012 年	2013 年	2014 年	2015 年
森林抚育	1705	1962	2053	2160
退耕还林	387	337	261	99
森林防火	202	0	0	0
病虫防害	98	122	109	91
垃圾清运	126	83	117	20
苗木采购	147	3	19	15
河道清淤、疏浚	103	0	0	0
防洪基础设施	0	0	0	160
改善民生	825	88	68	48
基础设施建设	114	114	1469	210
发展替代产业（旅游）	3018	263	0	204
合计	6725	2972	4096	3007

5.4　人力投入情况

开展生态补偿期间，人力投入主要集中在森林抚育与退耕还林上，且为常年性的投入。在磨盘山水库汇水区内，森林抚育和退耕还林的人力投入情况如下。

5.4.1　开展森林抚育投入的人力情况

如表 5-4 所示，在 2012～2015 年，山河屯林业局在磨盘山水库汇水区内各林场（所）年均投入约 1500 人进行森林抚育，4 年累计投入约 6100 人。其中奋斗、铁山林场（所）年投入人力较多，2012～2015 年的平均值在 200 以上，特别是铁山森林经营所于 2015 年投入 447 人开展森林抚育。

表5-4　磨盘山水库汇水区内各林场（所）森林抚育投入人力情况

林场（所）	2012 年	2013 年	2014 年	2015 年
奋斗	289	226	194	252
磨盘山	160	194	186	196
白石砬	92	153	153	—
永胜	180	212	130	—
长征	174	152	219	269
凤凰山	170	165	215	209
铁山	258	245	268	447
曙光	180	190	196	141
合计	1503	1537	1561	1514

5.4.2　开展退耕还林投入的人力情况

表 5-5 显示了 2012～2015 年磨盘山水库汇水区内各林场（所）在退耕还林方面投入的人力情况。可见，山河屯林业局 2012 年在退耕还林投入的人力最多，达 114 人，其次为 2013 年 86 人。

表5-5　磨盘山水库汇水区内各林场（所）退耕还林投入人力情况

林场（所）	2012 年	2013 年	2014 年	2015 年
奋斗	22	25	15	8
磨盘山	17	16	11	—
白石砬	16	13	14	8
永胜	11	11	7	1
长征	12	7	8	—
凤凰山	19	10	9	3
铁山	17	18	11	2
曙光	17	14	11	—
合计	114	86	22	33

综上所述，山河屯林业局 2012～2015 年在森林抚育和退耕还林两方面累积分别投入 6100 人和 255 人，结合近几年在森林抚育、退耕还林投入的资金情况（8964 万元），人均投入约为 1.41 万元/（人·a）。

5.5　生态补偿工程实施状况

自《协议》执行以来，山河屯林业局在 11.5 万 hm² 汇水区内全面停伐的前提下，大力推进退耕还林和森林抚育工作，其中植树造林和退耕还林主要围绕磨盘山水库汇水区内的磨盘山、奋斗、铁山、凤凰山、长征、永胜、白石砬、曙光 8 个林场（所）进行。鉴于 2016 年的各项林业相关统计资料还未完成，本节主要评估《协议》在 2012～2015 年开展的生态补偿工作的实施情况与效益。根据《协议》，开展的工作主要集中在加强执法全面停伐、退耕还林、森林抚育、森林防火、病虫防害、垃圾清运以及产业结构调整与新兴产业的建设上。主要工作的具体实施情况如下。

1. 退耕还林

2012～2016 年禁伐期，山河屯林业局通过说服教育、奖惩制度、行政措施等方式，对林业职工在保护区内耕作的农田实施退耕还林。《协议》执行期间，汇水区内实施退耕还林 3607 亩，其中 2013 年力度最大，达 1319 亩，占总量的 36.6%（图 5-2）。

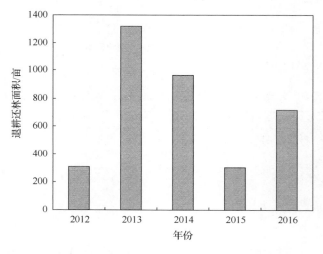

图 5-2　磨盘山水库汇水区内退耕还林实施情况图

2. 森林抚育

山河屯林业局严格执行《协议》，对林木盗伐现象严格执法，重判盗伐人员，在 2012～2015 年未出现采伐林木作业。在严格地执行禁伐协议基础上，山河屯林业局投入大量人力、物力，开展森林抚育与管护工作，保障森林的高成活率，有效提升林地面积。在《协议》执行期间，水源地汇水区内森林抚育面积逐年增加，截至 2015 年，森林抚育面积由 2012 年的不足 10 万亩增加到 2015 年的近 12.5 万亩（图 5-3），森林抚育面积增加近 25%。

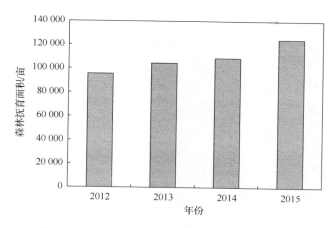

图 5-3　磨盘山水库汇水区内森林抚育实施情况图

3. 森林防火

近几年来，山河屯林业局加大森林防火人员、装备、防火灭火器具等的投入，大力提升了森林防火能力与应对火情处置能力。同时，加强森林防火管理能力建设，如在汇水区内各林场（所）在重点时段、重点区域、重要路口都加派了临时岗卡和人员，严格检查入山人员；防火检查站 24h 严把入山关口，对所有车辆进行入山登记、下山销号工作，将火种拒之于山门之外；在施业区的制高点建立防火瞭望塔，瞭望员全部上岗，全天候瞭望，真正做到了火情早发现、早报告，实现了"打早、打小、打了"。在禁伐期间，杜绝了森林火灾的发生。

4. 垃圾清运

为了确保水源地环境不受污染，山河屯林业局建立了垃圾处理的长效机制，林业局为林场（所）配置了清运车辆及相关工作人员，每个林场（所）配备了相当数量的垃圾桶，并有专人管理，制定了多项相关规章制度，确保垃圾及时清运到水源地外，减少了水源地周边的生活污染源。

5. 河道清淤、疏浚

近几年来，山河屯林业局在水源地上游河道派专人巡护，发现河道淤塞及时清淤、疏浚，确保河道畅通，如 2012 年投入约 103 万元实施了胜利森林经营所河道改造工程。定期维护防洪设施，及时进行升级改造。

6. 农业面源防治

2013～2016 年山河屯林业局严控农药和化肥使用量，农药和化肥年使用量基本分别维持在 10t/a、821t/a 的水平，有效控制了农业面源污染负荷水平。同时，山河屯林业局严密监控辖区内的畜禽养殖规模与水平，现有的畜禽养殖基本为林户散养模式，经统计各林场（所）散养情况，汇水区内牛、猪、禽、羊的数量基本分别维持在 140 头、230 头、8600 只、110 只的水平，汇水区内的畜禽养殖规模没有呈现扩张趋势，其污染负荷较稳定。

5.6　生态补偿工程成效

2012 年至今，山河屯林业局始终严格执行《协议》，在森林资源保护与维护生态安全上取得了显著成效，通过前期对《协议》的年度核查结果以及磨盘山水库流域生态环境质量的监测情况，前期生态补偿工作的实施局部改善了生态环境，获得了良好的生态效益，并在一定程度上促进了当地的经济社会发展，社会效益、经济效益也较显著。具体成效如下。

5.6.1　生态成效

1. 林地面积增加

自《协议》执行以来，汇水区内的林地面积和木材蓄积量均实现逐年增加。与 2011 年相比，截至 2015 年，山河屯林业局在磨盘山水源地汇水区内新增林地 146hm^2，其中已成林地 78hm^2。其年度变化趋势如图 5-4 所示。

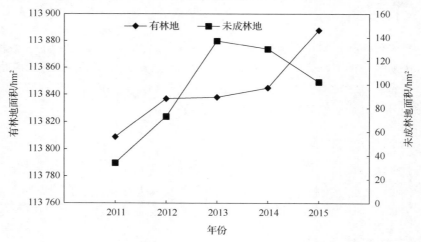

图 5-4　磨盘山水库汇水区内林地面积年度变化趋势图

2. 水源涵养能力持续增加

2012～2015 年汇水区内年均入库、出库流量分别为 5.49 亿 m^3、5.44 亿 m^3，年均供水 2.85 亿 m^3，满足供水需求。此外，水库也对农业灌溉、环境用水、调洪补枯等发挥了巨大作用。2012～2015 年，根据年度降水和蒸发情况，汇水区内的产流系数总体呈现下降趋势，这表明实行退耕还林、提高植树造林及森林抚育水平后，随着林地面积的增加，其截留水量水平增强，即汇水区内林区水源涵养能力增强。

3. 出库水质保持稳定，符合标准要求

根据我国《地表水环境质量评价办法（试行）》（环办〔2011〕22 号）和《集中式饮用水水源地环境保护状况评估技术规范》（HJ 774—2015），总氮指标不参与水质评价。依据磨盘山水库水源地水质年度评估数据，2012～2015 年磨盘山水库水质满足III类水质标准，水质保持稳定。其水质指标总氮、总磷、氨氮年度变化趋势如图 5-5 所示。

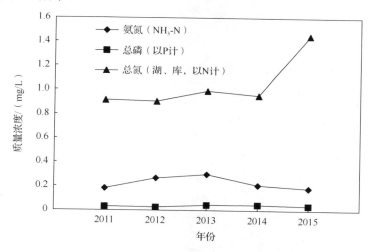

图 5-5　磨盘山水库出库水质年度变化趋势图

4. 森林生态服务功能价值开始显现

如上所述，《协议》执行以来，随着退耕还林力度的加大和森林抚育管护水平的增高，磨盘山水源地汇水区内林地面积、树木蓄积量均显著增加。森林资源的生态服务功能还具备水土保持、改良土壤、固碳释氧、净化大气等生态效益。因此，待停伐期进行的植树造林、退耕还林工程中的林地成林后，其上述各种效益将更加能显现出来。如经过近几年的停伐与开展的生态补偿工作后，磨盘山水库流域内的鸟类种类和数量开始明显增多，生态环境质量改善的效益已开始显现。

5. 土地利用类型变化

通过对磨盘山水库汇水区内 2010 年和 2015 年卫星遥感影像图片的解译（图 5-6），利用 ArcGIS 技术和软件，识别出了不同土地利用类型的面积。解译结果显示，与 2010 年相比，2015 年在 1151hm² 的汇水区内的耕地面积占比约下降 0.35%，建筑用地面积增加约 3hm²，而林地面积占比由 90.0%增加到 90.5%。这与前述林地增加和耕地减少的结论一致。

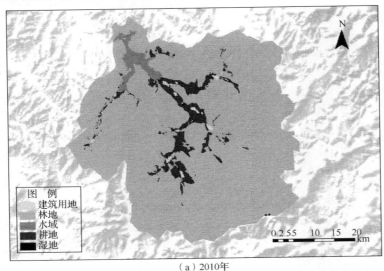

（a）2010年

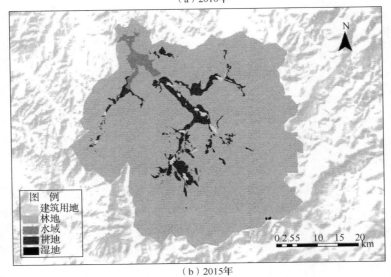

（b）2015年

图 5-6　2010 年和 2015 年磨盘山水库土地利用类型情况

5.6.2　社会成效

1. 增加就业岗位

依据《协议》开展的生态补偿工程，需要大力实施退耕还林、强化森林抚育管护、加强病虫防害和森林防火等，这就需要大量的人力投入，因此，开展的生态补偿工程势必会增加就业机会，能在一定程度上解决因停伐而导致林业工人失业的问题。在磨盘山水库水源地汇水区内，山河屯林业局每年投入约 1500 人进行森林抚育管护，有效缓解了林区职工就业难题。

2. 优化产业结构

在生态补偿实施期间，山河屯林业局借助一部分生态补偿资金（约占生态补偿资金的 20.7%）积极开展招商引资，大力拓展林业经济发展模式与生态旅游产业，2011～2015 年，主要经济指标屡创新高（表 5-6）。2015 年社会生产总值约为10.4 亿元，其中第三产业总值占比约为一半，达 4.9 亿元，与 2011 年相比，社会生产总值增长 58.9%，第三产业占比也由 35% 增加到 48%。这说明，自停伐协议执行以来，林业局由过去以营林产业为主导的产业类型逐渐转变为第三产业为支柱的产业结构类型，其经济发展更加可持续、绿色化。

表 5-6　产业结构变化情况

年份	社会生产总值/万元	第一产业		第二产业		第三产业	
		产值/万元	比例/%	产值/万元	比例/%	产值/万元	比例/%
2011	65 255	21 999	34	20 639	32	22 617	35
2012	74 124	24 350	33	18 370	25	31 404	42
2013	86 500	32 992	38	15 528	18	37 980	44
2014	96 015	34 190	36	20 805	22	41 020	43
2015	103 696	35 346	34	19 059	18	49 291	48

3. 提升人口素质

随着林区经济发展，居民收入水平得到一定改善，加之产业结构调整增加就业岗位，林区就业岗位的吸引力不断增加。近几年来外出务工人员占比与 2011 年相比，显著下降，在停伐期内，也呈现逐年下降的趋势。同时，根据学历分布情况，中专以下学历人数占比也呈现显著下降趋势，而大专及本科学历人数占比则呈现明显上升趋势，这说明在 2012～2015 年，林区内的人口素质水平得到提升，社会发展进步明显（表 5-7）。

表 5-7 林区不同学历及外出务工人员占比情况

	2011 年	2012 年	2013 年	2014 年	2015 年
总人口数/人	41 279	42 961	44 817	45 017	44 839
中专以下学历占比/%	16.5	14.61	12.82	11.1	11.81
大专学历占比/%	1.56	1.5	1.62	1.63	1.65
本科学历占比/%	0.24	0.24	0.25	0.27	0.28
外出务工劳动力占比/%	0.93	0.71	0.61	0.51	0.44

5.6.3 经济成效

因生态补偿的主要工程为植树造林、退耕还林，一般而言，生态补偿工程的经济成效主要为木材蓄积量和粮食产量（任林静和黎洁，2013）。根据调查，在磨盘山水源汇水区内，2012～2014 年的粮食种植面积基本维持在 3319hm^2，自 2015 年粮食种植面积有所减少，为 3274hm^2。总体而言，虽然粮食种植面积变化不大，但由于受市场价格等因素影响，各类粮食种植面积发生改变，如 2013 年大豆、玉米种植面积分别约为 1650hm^2、1660hm^2，而 2015 年大豆与玉米种植面积分别为 1060hm^2、2200hm^2。同时，从单位面积的粮食产量来看，单位面积的大豆、玉米粮食产量基本不变。因此，磨盘山生态补偿工程的经济成效主要体现在木材蓄积量。

《协议》签订后，山河屯林业局在汇水区内的木材年伐量从 2.5 万 m^3 降至零，2012～2016 年累计减少木材伐量 12.5 万 m^3，比 2011 年水源地停伐减少蓄积消耗 12 万 m^3（7.5 万 m^3 产量），加上其他损耗，共减少蓄积消耗约 42 万 m^3。据统计，木材储量由 2011 年的 1075 万 m^3 增加到 2015 年的 1225 万 m^3，净增 150 万 m^3。其年度变化趋势如图 5-7 所示。

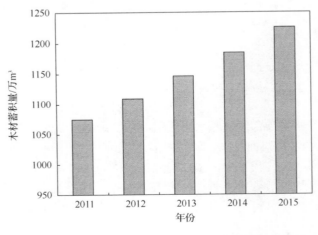

图 5-7 磨盘山水库汇水区内木材蓄积量年度变化趋势图

5.7　当前生态补偿工作面临的问题

1. 生态补偿后续资金尚未确定，未来生态补偿工程缺乏资金支持

2016 年 11 月 30 日《协议》到期，山河屯林业局是否仍将获得哈尔滨市政府生态补偿资金的持续支持，至 2018 年 8 月还无定数。因水源涵养林的管理涉及森林管护、森林防火、森林抚育、森林病虫防害、林政、水政、生态农业、污水处理及垃圾收集处置等环保工作，其需要大量资金投入。虽然国家"天保工程"给山河屯林业局相应的一些投入和补贴，国家批给山河屯林业局 22 300m³ 的抚育采伐量能实现约 2230 万元的产值，但根据 2012～2015 年生态补偿的投入情况来看，山河屯林业局在森林抚育、森林防火、病虫防害、垃圾清运等方面需要分别年均投入 1828 万元、750 万元、54 万元、350 万元，合计约 3000 万元；另外，为了保障磨盘山水源地生态环境质量，还需要积极开展农业面源污染防治、河道清淤疏浚、防洪基础设施建设等重大工程。依据近几年山河屯林业局整体经济发展水平，进一步维持和改善磨盘山水库生态环境质量安全，仍存在较大的资金缺口。

2. 植树造林工程建设力度有待加强

近几年来，山河屯林业局在磨盘山水库汇水区内涉及的 8 个林场（所）大力开展植树造林、退耕还林工程建设，林地面积略有增加，但根据调查，现有的造林工程缺乏合理规划，应当根据环境质量现状和水源地生态环境保护的迫切性，区别对待。如对于水源地源头的拉林河，应当强化河流两岸林地的建设，对于坡度较大的地区，应当提高林地建设标准，即对于重点关键区域应当进一步提高作业水平和标准要求、强化森林抚育水平。同时，根据国家相关计划，也应积极开展退耕还林工程建设，特别是优先对水源保护区内的农田实施退耕还林，进而减小农业面源污染，为改善水质作必要支撑。

3. 农业面源整治重视程度不够

根据历年水质监测结果，磨盘山水库氮磷浓度有增加趋势，总氮浓度增加明显，而依照水源保护区内的污染源排放特征，农业面源污染比例较大，需要重点开展农业面源污染的整治，严格控制化肥使用量，积极推行测土配方施肥、科学种植的方针，有效管控农业污染，削减氮磷污染负荷。

4. 生活污水、生活垃圾处理、监控管理水平有待提高

根据污染源的调查结果，保护区内现有近 2 万人，加之凤凰山国家森林公园目前年接待旅客约 30 万人，汇水区内生活污水排放量也较大，但景区内还尚无污水处理设施，因此，急需针对农村生活污水和景区生活污水分别建立农村分散型污水处理设施和集中式污水处理厂，对生活污水进行有效处理。

第6章 生态补偿效益评估体系构建

6.1 生态补偿效益评估指标选择的理论分析

6.1.1 生态效益评估指标选择的理论分析

生态补偿的生态效益主要体现在生态补偿措施对当地土壤、气候、水文、生物等的贡献作用，因此生态效益评估方法通过对各个影响指标进行调查，来表示整个生态环境的效益变化。生态补偿生态效益评估的思路是首先进行科学合理的调查，确定生态补偿措施具体能产生哪些方面的生态效益，根据效益的量化程度确立全面的、适合当的生态补偿状况的评估指标体系，查阅相关文献确定每个指标的计算方法以及每个指标对最终生态效益评估结果的影响权重。评估方法确定之后，收集统计相关数据，根据评估方法确定生态效益的最终评估结果（王金南等，2017）。

在进行生态效益评估时要遵循五项原则：第一要遵守科学性原则，生态效益评估要遵循生态学和生态补偿学原理进行科学性的评估，不能根据主观臆断妄加评估，要科学地分析改善生态补偿措施的修建目的和作用机理，通过生态补偿的作用方面来确定评估指标，进行科学的分析评估；第二要遵守整体性原则，生态补偿是一项系统建立的整体项目，具有多项生态补偿功能，不能单一地选取其中任意项进行单一的评估来代表整个措施项目的效益，要整体全面地考虑该措施项目的生态补偿功能，进行全面整体的评估；第三要遵守目的性原则，生态补偿建立本身就有强烈的目的性，主要目的是防治水土流失，发挥生态补偿作用，而生态补偿的生态效益评估也具有明确的目的性，是为了对已建成的生态补偿生态功能进行评估，确定其建立之后的效益是否符合建立标准与建立目的，是否达到最初的目的，以指导之后的流域治理工作；第四要遵守重点性原则，进行生态补偿生态效益评估时要根据不同的评估目的突出评估重点，达到评估的最终目的；第五要遵守动态性原则，生态补偿的生态效益是一个长期的过程，一般要求的评估结果也可以体现该区域多年的生态变化，既能对现状进行评估又能科学地预测未来的发展趋势，为决策者提供决策依据。

6.1.2 社会效益评估指标选择的理论分析

生态补偿的社会效益是指生态补偿措施的修建作用与整个社会的利益的综

合，其主要目标是推动社会的全面共同发展，社会效益涉及生活中的很多领域。进行社会效益评估能够保持资源的发展平衡，及时对社会资源进行统计与衡量，找出这段时间社会发展中存在的问题与可以继续优化的部分，从而及时转变发展策略，提高资源的利用效率，合理优化社会资源的分布与利用，并从实际出发为社会决策者提供决策依据。

社会效益的评估是系统性与全面性结合的评估工作，需要协调各方面的相互关系，实事求是，将社会效益评估理论联系实际生态补偿措施的主要效益，以准确评估生态补偿措施社会效益为基础，总结同行业其他学者进行的社会效益评估，综合他人的评估长处，建立适合个人社会效益评估的评估指标体系，并在评估过程中遵循五项原则：第一是评估要符合社会发展的基本规律，生态补偿的效益评估要符合社会发展的基本规律，在社会主义经济体制范围内进行评估，而且要考虑我国国情，不盲目学习西方社会效益评估的方法与原则，建立中国特色的社会效益评估指标体系，这样的评估结果才具有中国特色，与国情相契合；第二是评估方法要注重适用性，目前各行业进行社会效益评估的方法很多，我们需要综合学习他人的评估方法并总结他人评估的优点和缺点，在适合的评估方法和指标体系之上根据相关理论知识进行改进，但是改进的过程中要注意评估方法的适用性，确定能够在实施过程中方便地应用；第三是要结合定性评估和定量评估，生态补偿的社会效益涉及很多方面，其中有很多指标无法直接用数字和价钱衡量，是一种感官的效益，如生活环境的改善对群众身心健康的提升和带给当地群众的美学享受，都是无法准确定量评估的，类似于这种社会效益评估指标需要我们用定性评估的方法进行评估，保证评估工作的顺利进行；第四是在评估过程中灵活运用社会效益评估方法，生态补偿社会效益评估方法是在总结他人评估方法和体系的经验中总结出来的适合于当地的评估方法，有很多方面都是没有经过实践检验的，而且很多理论方法在实际问题中可能与原先的预想有冲突，这就需要我们在熟练掌握社会效益评估方法的基础之上能够灵活运用该评估方法，使其与当地实际条件相吻合，评估工作能够顺利地进行；第五是社会效益评估注重多层次分析，社会效益评估中涉及很多因素和评估指标，对各个指标进行调查分析而不注重各个指标的逻辑关系和层次结构会造成误评估和漏评估，因此在评估中要注重评估指标的层次结构，按照逻辑顺序完成社会效益评估。

6.1.3 经济效益评估指标选择的理论分析

生态补偿产生的经济效益是当地居民最关心的民生问题，同时经济效益也是带动当地发展最为实际的效益，生态补偿产生的经济效益可以作为当地政府的经济产出之一。若能对生态补偿的经济效益进行系统的研究和评估，该评估结果可以为当地政府决策者提供一定的决策依据。

生态补偿的经济效益评估工作非常重要，需要系统地统计与计算，在整个过程中一定要遵循两项原则：第一是评估方法的选取要科学合理，并且结合定性评估和定量评估，综合考虑所有评估指标，尽量对指标进行定量评估得到定量的评估结果，对不能进行定量评估，但是对评估结果影响很大的评估指标进行定性评估，争取最后的评估结果能全面体现该生态补偿的经济效益。选取科学的评估方法是指生态补偿学、经济学、生态学等多学科知识共同兼顾，依据各个学科与生态补偿经济效益评估相关的基本理论，参考行业标准，综合各方面因素选择最适合生态补偿经济效益的评估方法。第二是评估指标的选取要尽量全面，系统地覆盖生态补偿各个方面，并且按照一定的层次归类评估指标，尽量全面地统计影响生态补偿经济效益评估的所有因子，得到最权威的评估结果（黄东风等，2010）。

6.2　效益分类与相关指标

6.2.1　生态服务功能与生态效益内涵

生态补偿的生态效益是生态补偿措施保护和改善生态环境的效应，使生态系统趋于平衡，同时使自然环境向有利于人类生产生活和资源环境可持续利用的方向发展。

1. 生态补偿的生态服务功能

第一，保持和涵养水源功能。保持和涵养水源是生态补偿的重要功能（杨建波和王利，2003），尤其在流域中，涵养水源是小流域治理时的重要目标，主要通过两方面实现这一功能。首先是森林和植被的截留作用，能够缓和地表径流，增加土壤蓄水能力，起到调节流域水量的功能，尤其是森林的涵养水源的功能非常明显，是水循环的重要部分（杨婷婷等，2009）；其次是流域内修建的大量工程措施，能够大量地拦蓄径流，并将这部分水资源用于农业和工业。一般选用土壤入渗能力、拦蓄降雨量、流域年径流量等指标来评估生态补偿效益。

第二，保持和改良土壤功能。生态补偿的保持改良土壤功能主要有以下三方面：一是林冠层对降雨的作用，减弱雨滴动能，减少土壤侵蚀，保持土壤；二是由于森林的种植能够增加土壤腐殖质的量，腐殖质的增加能够提高土壤的入渗能力，可以运移更多的地表水到地下，减少地表径流，减少土壤侵蚀，保持土壤并改良土壤；三是林草等植物的根系能够改变土壤结构，起到改良土壤的作用。一般采用拦蓄泥沙量、土壤侵蚀力、地表覆盖率、土壤物理性质、土壤肥力等指标来评估生态补偿效益（胡廷兰和杨志峰，2004）。

第三，固碳释氧功能。生态补偿工作大范围造林种草，而植物的光合作用能够固定大量二氧化碳，合成植物生长所需的营养物质，与此同时释放人类生存必不可少的氧气，是氧气的制造工厂（Nadig et al.，2005）；同时，近年来在国家发展工业的同时，工业生产过程向空气中排放了大量的二氧化碳，造成了全球的温室效应、臭氧层破洞等环境问题，这些问题已经引起了全世界的关注，生态补偿在造林种草的同时能够大大增加二氧化碳的固定量，减缓全球暖化的问题。一般在评估工作中采用植物固碳量作为指标评估生态补偿的效益（井学辉等，2005）。

第四，净化大气功能。生态补偿工作通过造林种草，大大提高了植被覆盖率。随着林草的增加，生态系统净化大气的功能逐渐显著。一是植物的树干和枝叶能够有效吸收大气中的二氧化硫、氟化物、氯化物等污染物（Keijer et al.，2005），部分植物甚至可以吸附空气中的放射性物质，净化空气；二是林草的枝叶可以有效地吸附 $PM_{2.5}$ 等颗粒物，增加空气能见度，起到净化大气的作用（Ingo et al.，2006）；三是树木可以释放其自身分泌物起到杀菌的作用；四是林带具有显著的防噪效果，削弱声能，从而净化大气。在进行生态补偿评估时一般采用空气湿度等进行评估（何利平，2006）。

第五，防风固沙功能。土壤侵蚀严重的地区非常容易出现风沙天气，由于土壤表现颗粒较多，加上风的作用对农作物有严重的损害作用，生态补偿工作进行中会栽植大量树木，能有效减弱风速，并改变风原来的走向，尤其是各类防护林，在风经过林带时能够对风起到阻碍的作用，增加风的阻力，降低风速，没能被阻挡穿过林带的风在经过农田时的动能也已经大大减弱，危害减小（Mischke et al.，2006）；同时种植植物的根系能够起到良好的固土作用，减少地表浮动沙粒量，减少沙尘暴天气。因此，防护林以及其他林木的种植有良好的防风固沙功能，在进行研究时一般用地表覆盖度、风速等指标来进行综合评估（Kramer et al.，2006）。

第六，维持生物多样性功能。土壤侵蚀严重的地区，群落环境较差，不利于动植物生存。开展生态补偿工作，大大丰富了陆地植物，完善了群落结构，优化了生态环境，为当地的各种动植物提供了适于生存的条件，并且能够提供果实等食物，在进行生态补偿评估中常采用生物多样性指标进行评估。

第七，维持景观功能。生态补偿工作包括种草植树、修建高标准基本农田、修建拦挡工程等，这些措施能够起到良好的水土保持功能（Volker et al.，2008）。与此同时，很多采取生态补偿措施的区域具有良好的景观观赏功能，如著名的龙赞梯田、密云水库、潮白河森林公园等都是典型的生态补偿措施，并且成为近年来的旅游热地，具有非常重要的科研价值和景观价值，但在本书的研究中由于景观作用不是主要功能，因此不作为评估指标（陈利根等，2008）。

2. 生态补偿的生态效益内涵

国内外众多研究学者对生态效益有很多揭示，迟维韵（1986）将生态效益定义为人们在进行物质资料的生产活动中，自然界对人类的生产生活造成的有利或不利的干扰结果；孙淑生（2001）认为生态系统及其影响所及范围内，对当地居民能产生积极影响的全部效益均为生态补偿的生态效益，既包括对当地环境优化的作用和给群众生活带来的利益，又包含生态补偿提供的物质和精神效益；曹志平（1994）认为生态效益主要是指物能转化效率，是一个功能指标。

自 20 世纪 50 年代开始研究生态效益评估以来，随着环境问题的热化，人们越来越重视生态效益，在研究生态补偿方法的同时开始着手对生态效益内涵的研究，主要研究以下三个方面：第一，水源地水土保持措施修建的主要目的就是防止水土流失，达到水土保持的作用。通过造林工程和水土保持工程的实施修建提高植被的水源涵养效益，减轻土壤侵蚀程度，减少地表径流，增强土壤入渗能力，增强土壤抗蚀能力，保持水土（Zhou，2011）。第二，生态补偿对项目区小气候的影响研究，即区域进行生态补偿修复后，森林或草原等对局域小气候造成的影响研究（孙景翠和岳上植，2010）。第三，生态补偿对当地植被的改变研究，生态补偿措施的实施对项目区植被结构有重要影响，并且能够促进项目实施区植被的生态环境恢复，增加项目实施区植被覆盖率，丰富项目实施区的生物组成类型，重建健康绿色生态环境系统（Guo et al.，2011）。

通过分析生态补偿的生态效益内涵，目前，研究者大多采用生态补偿的保持和涵养水源功能、保持和改良土壤功能、净化大气功能、固碳释氧功能、防风固沙功能、维持生物多样性功能等生态服务功能对生态补偿的生态效益进行评估。如王孔敬（2011）在《三峡库区退耕还林政策绩效评估及后续制度创新研究》中采用涵养水源效益（拦蓄降水效益、净化水质）、水土保持效益（减少泥沙滞留效益、减少淤积效益）、改良土壤效益、固碳释氧效益、净化大气效益等指标来评估退耕还林的生态效益；吴桂月（2012）在《退耕还林效益评估与生态补偿响应研究——以河南省南召县为例》中，采用涵养水源效益（储水价值、调洪补枯的价值、净化水质的价值）、改良土壤效益（固土保肥的价值、减少泥沙淤积的价值）、净化大气效益（固碳释氧、吸收二氧化硫、阻滞粉尘）、生物多样性保护效益等指标来评估生态效益；仲艳维（2014）在《潮白河流域水土保持效益评价及生态补偿制度构建研究》中采用拦蓄降雨量、拦蓄泥沙量、土壤入渗能力、流域年径流、土壤侵蚀力、地表覆盖率、土壤物理性质、土壤肥力、侵蚀度、湿度、风度、生物多样性、植物固碳量等生态效益评估指标对水土保持的生态效益进行评估；王金龙（2016）在《京冀合作造林工程绩效评估创新研究》中采用涵养水源效益（蓄水效益、净化水质）、水土保持效益（减少泥沙滞留效益、减少淤积效益）、固碳释氧效益、净化大气效益（吸收 SO_2、减小降尘）、改善小气候效益（降温增湿效益）、生物多样性保护效益（物种保育效益）等指标来评估造林工程的生态效益。

6.2.2 社会服务功能与社会效益内涵

生态补偿的社会效益是指生态补偿措施对社会产生的有益作用，社会效益主要是指生态补偿措施保护自然资源，减轻自然灾害，改善生态补偿作业区居民生产生活条件的作用与机能。

1. 生态补偿的社会服务功能

生态补偿的社会服务功能主要体现在促进社会进步方面。

第一，提高土地生产率。生态补偿措施在实施过程中会对原有土地利用结构进行调整，并且这些调整是经过对当地土地利用方式进行严密细致的调查以后，对各种土地利用方式进行效益评估，再进行土壤分析，并提出一套最适合当地农林生产的土地利用方式。这个过程是优化土地利用方式、提高土地生产率的过程，这样也能够提高土地生产产值，起到促进社会进步的作用（赵国富和王守清，2006，2007）。

第二，提高劳动生产率。在修建生态补偿措施前，原有土地利用方式的不合理会造成劳动力资源的不合理利用，浪费劳动力，单位劳动力日产值很低。通过修建生态补偿措施优化土地利用方式能够提高土地生产率，节省土地资源的同时进行更多的劳动，大大提高劳动生产率，促进社会进步（张祖荣，2001；赵桂慎等，2008；张岳恒等，2010）。

第三，优化土地利用方式和农村生产结构。修建生态补偿措施之前的土地利用方式和农村生产结构是当地群众未经过科学理论知识验证的方式，并不是最优土地利用方式和农村生产结构。在进行生态补偿措施修建的过程中，能够将最先进的理论知识和实践结合，形成最利于生产的土地利用方式，增产增值，起到促进社会进步的作用（张颖，2004；张晓锁和王语，2009）。

第四，增加项目区人均产值。在进行生态补偿措施修建时，可根据立地条件尽量选择适合生长的经济林树种，经济林的栽植既能起到生态补偿措施修建预计的生态补偿效果，又能增加一定的收入，提高群众人均产值，结合生态补偿措施带动牧业、渔业、副业收入，能很大程度地带动产值，增加项目区人均产值，推动社会进步（张士海等，2008）。

2. 生态补偿的社会效益内涵

社会效益的内涵较广，赵国富和王守清（2007）认为社会效益主要是生态补偿措施实施后为社会所做的贡献，也可以称为外部间接产生的经济效益；李钧辉和何伟相（2002）认为生态补偿措施实施后给社会带来收入的综合与修建生态补偿措施投资的成本差即为生态补偿措施的社会效益。不同的人对社会效益的定义不同，这是社会效益的复杂性所致，因此社会效益的内涵也比较广，但一般都是以经济学效用论为基础进行阐述的，主要阐述为以下两个方面：一是生态补偿措施的社会效益。这部分效益主要是措施实施后服务于社会的利益总和，既包括整体社会的利益又包括当地居民个人因生态补偿措施实施所获得的利益。二是广义上的社会效益。生态补偿措施以促进社会全面发展为目标，包括社会政治、经济、文化、卫生、教育等众多社会生活领域，在这个意义上的社会效益是从社会层面来衡量生态补偿措施的投资建设为社会带来的效益。

通过分析生态补偿的社会服务功能、生态补偿的社会效益内涵，并参考社会学的理论，进一步查阅相关文献，在此项效益上可应用提高土地生产率、提高劳动生产率、优化土地利用方式和农村生产结构以及增加项目区人均产值等社会效益评估指标。

6.2.3　经济服务功能与经济效益内涵

生态补偿的经济效益是指随着生态环境改善、土地利用率和生产率提高，增加的可以通过市场交换、用货币形式衡量的效益。

1. 生态补偿的经济服务功能

第一，直接经济效益。一是促进粮食、水果、木材等产品增产，增加经济收入。生态补偿的直接经济效益是指修建生态补偿措施后，项目区因措施修建增加的农田、果品或其他直接买卖就能带来的经济效益，同时也包括因措施修建对农田结构的优化对比原土地利用增加的经济效益（张利飞等，2007）。二是增加产投比，确保资金能够回收。产投比是指生态补偿措施修建后的效益与前期投入资金的比值，这关系水土保持措施修建的资金回收年限，加快回收年限、确保投资在较短时间内得到相应收益，是投资可行计算的重要指标（张建军，2003；张春旺，2007；张建辉和武锐，2011）。

第二，间接经济效益。一是梯田、现阶地、引洪漫地等高标准基本农田建设对产品的增产效益。生态补偿非常重要的一项措施是土地整理，即将原来水土流失严重和易造成水土流失的土地利用方式进行土地整理，建设梯田、现阶地或其他形式的高标准农田，这样既能合理利用土地，使农产品增产，为群众增加间接的经济收入，又能够做到防治水土流失，达到生态补偿措施的修建意义，其中产生的间接经济效益还包括节省的土地面积和节约的劳动力效益（袁建林等，2007；

袁海婷等，2008）。二是形成的草牧场效益。在进行生态补偿措施修建的同时可以改造原有的荒地，这些荒地除可以用来造林外也可以选择合适种类草地种植，发展畜牧业，通过对牧草量的计算衡量可以喂养的牲畜量，牲畜不仅可以用来食用、产奶，其皮毛也可以用来加工做成衣物或其他生活用品，产生一定的经济效益（杨建波和王利，2003；杨婷婷等，2009；尹新，2012）。三是生态补偿工程增加蓄、饮水效益。小型水库是生态补偿工程措施中最重要的一种拦蓄措施，其主要原理是通过拦蓄径流，防止径流大面积扩散，并保存雨水，通过引水措施用于灌溉或其他用水工程，这样就能节省水资源，带来间接的经济效益（徐维阳和周世东，2009；徐兆权，2009）。

2. 生态补偿的经济效益内涵

磨盘山水库生态补偿的主要任务是防止水土流失，但是由于其具有广泛的经济效益，而且生态补偿生态效益与经济效益同时存在，具有一定的特殊性。从经济学角度对生态补偿措施的经济效益进行分析，认为生态补偿措施有以下两项特点：一是生态补偿措施在开始施工时就已经开始执行其生态补偿功能，在施工过程中就能看到其功能执行状况，并根据实际情况对施工设计进行一定的修改，这样能在有限条件下最大化发挥其生态补偿效应，充分做到防止水土流失，达到保护生态环境的目的；二是一般林业生态工程措施的回收年限较长，初期以实现生态效益为主，因此经济效益和社会效益在初期阶段稍弱，但是经济效益和社会效益均可以持续很多年，有明显作用。

通过分析生态补偿的经济服务功能、生态补偿的经济效益内涵，并参考经济学的理论，进一步查阅相关文献，在此项效益上可主要应用粮食产量、林产品产量、畜牧产量、木材储量等经济效益评估指标。

6.3 效益评估指标甄选

6.3.1 生态补偿效益评估的初始指标集

1. 生态效益评估指标

如前所述，在对退耕还林、造林工程、水土保持等生态补偿工程生态效益进行评估时，通常采用保持和涵养水源、保持和改良土壤、固碳释氧、净化大气、维持生物多样性指标来评估生态效益（蔡志坚等，2015）。在 2012~2016 年，即在开展磨盘山水库水源地生态补偿期间，山河屯林业局不仅开展了水土保持工程建设，还开展了广泛的植树造林、退耕还林工程。为此，本评估在综合文献中所采用的生态效益评估指标的基础上，根据掌握收集资料的情况，选取部分指标来对磨盘山水库水源地生态补偿工程的生态效益进行评估。具体指标为涵养水源效益（包括拦蓄降水效益、增加地表有效水量效益、净化水质效益）、水土保持效益（包括固土效益、防止泥沙淤积效益、减少土壤肥力损失效益）、改良土壤效益（包括增加土壤养分和有机质效益）、固碳释氧效益、净化大气环境效益（包括吸收 SO_2 效益、阻滞降尘效益）。

2. 社会效益评估指标

王孔敬（2011）在《三峡库区退耕还林政策绩效评估及后续制度创新研究》中采用社会结构、人口素质、生活质量、社会进步、经济发展效益等指标来评估退耕还林的社会经济效益；仲艳维（2014）在《潮白河流域水土保持效益评价及生态补偿制度构建研究》中采用洪水灾害、滑坡泥石流灾害、干旱灾害、面源污染、土地生产率、土地利用率等指标社会效益评估；王金龙（2016）在《京冀合作造林工程绩效评估创新研究》中采用创造就业、产业结构调整等指标来评估造林工程的社会效益。鉴于在 2012～2016 年，磨盘山水库未发生自然灾害的情况，且磨盘山水库的生态补偿情形与京冀合作造林工程相似，本评估选择创造就业机会和产业结构调整来评估社会效益。

3. 经济效益评估指标

吴桂月（2012）在《退耕还林效益评估与生态补偿响应研究——以河南省南召县为例》中，采用林木价值、林产品价值等指标来评估经济效益；仲艳维（2014）在《潮白河流域水土保持效益评价及生态补偿制度构建研究》中采用粮食产量、林产品产量、畜牧产量、木材储量、劳动生产率等指标评估经济效益；王金龙（2016）在《京冀合作造林工程绩效评估创新研究》中采用林木储备量和经济林价值来评估经济效益。鉴于磨盘山水库流域生态补偿工程实际，结合掌握的资料，本评估选用增加粮食产量效益、增加林木产量效益、林木储备效益、经济果林效益来评估磨盘山水库水源地生态补偿的经济效益。

6.3.2　评估指标的构建

根据对生态补偿服务功能和内涵的阐述，参考文献采用的生态补偿评估指标体系，结合实际掌握的资料数据情况，本评估用来评估生态补偿效益的指标包含 3 类一级评估指标和 16 项二级评估指标，其中一级评估指标分别为生态效益、社会效益和经济效益；二级评估指标是在一级评估指标下的各项具体的评估指标。
磨盘山水库生态补偿措施生态效益的二级评估指标主要有涵养水源效益（包

括拦蓄降水效益、增加地表有效水量效益、净化水质效益）、水土保持效益（包括固土效益、防止泥沙淤积效益、减少土壤肥力损失效益）、改良土壤效益（包括增加土壤养分和有机质效益）、固碳释氧效益、净化大气环境效益（包括吸收 SO_2 效益、阻滞降尘效益）。社会效益的二级评估指标主要有创造就业机会效益和产业结构调整效益。经济效益的二级评估指标主要有增加粮食产量效益、增加林木产量效益、林木储备效益、经济果林效益。

第 7 章 生态补偿效益评估指标的 计量与价值估算

生态补偿效益评估就是在生态补偿工程实施后做出进一步的考核，是评估生态补偿绩效水平的依据和前提，也是磨盘山水库流域生态环境保护建设工作成效评估的核心。哈尔滨市政府对磨盘山水源地生态保护大量资金的投入，表明了磨盘山水库流域生态环境面临巨大压力，如何客观合理地对生态补偿工程的绩效进行评估，已成为哈尔滨市政府和山河屯林业局实现协同作战以保护流域生态环境的现实需要。依据目前主流的生态补偿工程效益评估理论与方法，在筛选出生态补偿效益评估指标的基础上，本章也将从生态补偿工程发挥的生态效益、经济效益与社会效益三个方面对生态补偿工程的效益进行评估，即将研究区域内生态补偿工程所产生的价值功能进行货币化，使其具有经济意义，能用货币进行衡量。基于此，本章进行了投资收益分析，可以使磨盘山水库生态补偿的效益更加清晰，为制定各项政策提供定量依据。

7.1 常用价值估算方法

1. 费用支出法

费用支出法的主要原理是从消费者出发，采访调查多个消费者对该类效益的支出意愿（张櫓和梁凯，2005），以此调查支出意愿作为该类效益的价值量。举例来说，要估算某地区的旅游价值，需要调查游客愿意来该地旅游花费的交通费、食宿费、门票费等费用，这些费用的综合即可约等为该地区旅游价值（Yates，2009）。常见的费用支出法有三类：第一类是总支出法，其价值是所调查的所有项目费用的总和；第二类是区内支出法，只将在旅游区内的消费费用作为该地区旅游的价值，不包括来回交通费等费用；第三类是部分费用法，只计算游客支出的费用作为旅游价值，范围更小。费用支出法方法简单，没有复杂的计算过程，但是需要对该价值项目进行充分的调查，是一种替代价值，并不能真正体现其价值，一般在计算旅游价值时使用（陈利根等，2008）。

2. 市场价值法

市场价值法一般用于无法计算实际价格，但是可以用市场价格代替的效益评估中，这部分价值不能直接进行销售和使用，即不能替换成金钱，但是可以在市场中进行交换从而实现其价值，具有市场价格，所以能够采用市场价格替代的方法来估算其价值。市场价值法的基本步骤是通过计算该项效益造成的生产率变化来估算其产生的市场价格和生产力变化，该变化即可认为是该项效益的价值（李占军和刁承泰，2008）。该方法比较科学，但是计算相对困难，不易取得其市场价格，很难衡量。举例来说，当某效益的市场价格稳定不变时，该项目的效益价值计算方法如下：

$$V = q(P - C_v)\Delta Q - C \tag{7-1}$$

在有外界干扰的条件下，本研究对该地区采取了一定的水土保持措施后，该项目的效益 Q 值就会发生改变，从而带动市场价格的变化，这样该项目效益价值计算方法发生了改变，如下：

$$V = \frac{\Delta Q(P_1 + P_2)}{2} \tag{7-2}$$

式（7-1）与式（7-2）中，V——要计算的效益，元；

P——物品价格，元；

C_v——单位物品能够变化的成本量，元；

C——成本，元；

q——物品数量，个；

ΔQ——水土保持产生的产量变化，t；

P_1——改变前的市场价格，元；

P_2——改变后的市场价格，元。

3. 边际成本法

对于某物品，增加或减少其单位量造成的总成本变化量即为边际成本（Pulselli et al.，2009）。边际成本法就是使其实现帕累托最佳配置，即使其边际成本与市场价格相等，这种方式在对自然资源价值进行计算时也最为合适，能够从成本出发计算价值，最符合经济学原理，可以计算出使用某一类自然资源所需要的成本，即需要付出的代价（吴冠岑等，2008），能够直观地反映自然资源的价值，提醒人们要更加珍惜自然资源（张士海等，2008）。

4. 旅行费用法

国际上在进行价值估算时经常使用旅行费用法，其主要是根据游客旅行费用进行价值衡量，认为生态价值应该高于游客愿意花费的费用（马骞和于兴修，2009；任春燕，2009）。在计算时首先要根据旅行费用对研究区域进行划区，离研究区域越远的地区则旅行费用越高，在划定区域以后，对游客到各个区域旅行所需要花费的费用进行调查，然后进行回归分析，确定回归方程，最后根据回归方程计算价值（杨婷婷等，2009；Ajang et al.，2010）。

5. 享乐价格法

享乐价格法的主要参考对象是当地的群众，一般认为他们选择该区域为居住区域考虑了很多因素，既会考虑自身的经济承受能力，又会考虑当地的社会经济状况（Feng et al.，2010），一般用函数表示其价值。

$$房产价格 = f(房产变量，"邻近"变量，交通变量，环境变量) \qquad (7\text{-}3)$$

6. 条件价值法

条件价值法是从消费者的角度出发，调查消费者对该项效益的支付意愿（王刚等，2006；王晓光等，2006；Francis et al.，2011）。这种方法应用广泛，尤其是对无明确产品价值的项目进行效益价值评估时。同时由于其价值的公共性，生态效益、社会效益和经济效益均能进行评估。条件价值法主要依据的是认为支付意愿是表征物品价值唯一合理的方法，只要大部分消费者愿意支付一定的金钱在该物品上，则该金钱量即可作为其价值。但是在实际商品交换过程中，消费者的支付意愿总是低于其实际价值，因此会造成最终价值估算结果偏低的现象。

7. 恢复和防护费用法

全面评估环境质量改善的效益，在很多情况下是很难做到的。对环境资源质量的最低估计可以从消除或减少有害环境影响所需要的经济费用中获得，我们把恢复或防护一种资源不受污染所需的费用，作为环境资源破坏带来的最低经济损失，这就是恢复和防护费用法（Yasunaga et al.，2006）。

8. 影子工程法

影子工程法是指当环境受到污染或破坏后，人工建造一个替代工程来代替原来的环境功能，用建造新工程的费用来估计环境污染或破坏所造成的经济损失（Mischke et al.，2006）。

9. 人力资本法

人力资本法是通过市场价格和工资来确定个人对社会的潜在贡献，并以此来估算环境变化对人体健康影响的损失。环境变化对人体健康造成的损失主要有三方面：因污染致病、致残或早逝而减少本人和社会的收入；医疗费用的增加；精神和心理上的代价（Ingo et al.，2006）。

7.2 生态效益评估指标计量与价值估算

7.2.1 水源涵养效益的计量与价值估算

水源涵养功能主要表现在通过对降水的截留、吸收和下渗，以及随降水进行水分时空的再分配，实现减少无效水、增加有效水。森林的这种涵养功能与森林土壤较特殊的结构有关，森林土壤像海绵体一样，吸收天然降水并很好地加以储存。在森林流域，降水首先被林冠截持，通过林冠截留，第一次改变了到达土壤表面的自然降水过程和降雨量，在一定雨量范围内林冠截留量随降雨量增加而增加。降水通过林冠后，到达枯枝落叶层，枯枝落叶层不仅具有较强的持水性，而且具有很强的透水性，于是通过枯枝落叶层的截留，第二次改变了到达土壤表面的自然降水过程和降雨量。由于枯枝落叶层截持了大量的水分，并减缓了水在土壤坡面上的流动速度，因此增加了水向土壤中入渗的机会。森林在生长过程中，根系不断地新老更替，疏松了原来较为板结的土壤，增加了土壤的孔隙度和透水性。同时由于森林的存在，土壤动物和微生物也十分活跃，土壤中形成了大量纵横交错的土壤水分通道。因此，土壤的持水性和透水性大大地获得改善，在径流形成过程中，土壤表面未来得及流走的降水被土壤吸收并向深层渗透，甚至很快达到地下水位。

7.2.1.1 拦蓄降水效益

1. 拦蓄降水效益的实物计量模型

森林储水量由林冠截留降水量、枯枝落叶层的持水量、森林土壤的储水量三部分组成。由于林冠截留的降水量十分有限，枯枝落叶层的持水量只占森林下层水源涵养量的 1%～2%，而森林土壤储水量占 98%～99%，因此土壤是水源涵养的主要载体，故森林储水量可以直接用森林土壤储水量来表示。其计量模型如下：

$$R = \sum_{i=1}^{n} \left(K_i L_i S_i \times 1000 \right) \tag{7-4}$$

式中，R——森林年储水量，t/a；

$\quad n$——森林类型数；

$\quad i$——流动指标，$i=1，2，3，\cdots，n$；

$\quad K_i$——第 i 种森林类型的非毛管孔隙度，%；

L_i——第 i 种森林类型的土层平均厚度，m；

S_i——第 i 种森林类型的面积，hm^2。

2. 拦蓄降水效益的价值计量模型

森林拦蓄降水效益的经济计量值=森林的年拦蓄降水量×森林拦蓄降水效益的经济转换参数。对于森林拦蓄降水效益的经济计量，目前主要采用影子工程法取得森林拦蓄降水效益的经济转换参数，还有根据水库的拦蓄降水成本、供用水的价格、电能产生成本、级差地租、区域水源运费、海水淡化费等方法确定转换参数。一般情况下，最常采用的是前两种转换参数，第一种根据影子工程法，利用水库的拦蓄降水成本进行确定，这在很大程度上反映了水库的实际利用率，因此本评估采用水库的拦蓄降水成本法来计算造林工程的拦蓄降水效益。其计量模型为

$$V_1 = R_1 P_1 \tag{7-5}$$

式中，V_1——森林拦截降水的价值，元/a；

R_1——森林的拦蓄降水量，t/a；

P_1——水库单位库容的造价，元/m^3。

7.2.1.2　增加地表有效水量效益

1. 增加地表有效水量效益的实物计量模型

由于无林地也具有一定的储水能力，因此森林真正增加的地表有效水量又等于它与无林地相比多储水的量。其计量模型为

$$T = \sum_{i=1}^{n} \left[\left(K_i - K_{i0} \right) L_i S_i \times 1000 \right] \tag{7-6}$$

式中，T——森林增加地表有效水量，t/a；

K_i——第 i 种森林类型的非毛管孔隙度，%；

L_i——第 i 种森林类型的土层平均厚度，m；

S_i——第 i 种森林类型的面积，hm^2；

K_{i0}——与第 i 种森林类型相对照的荒地的非毛管孔隙度，%。

2. 增加地表有效水量效益的价值计量模型

主要采用市场价值法，假设这些水用于市场交换并以市场水价作为森林增加有效水的"替代价格"，计算出森林增加地表有效水量效益的价值，其计量模型为

$$V_2 = T \times \left(P_1 r_1 + P_2 r_2 + P_3 r_3 \right) \tag{7-7}$$

式中，V_2——森林增加地表有效水量效益的价值，元/a；

　　　T——森林增加地表有效水量，t/a；

　　　P_1——农田灌溉用水的价格，元/t；

　　　P_2——工业用水的价格，元/t；

　　　P_3——生活用水的价格，元/t；

　　　r_1——农田灌溉用水的比例，%；

　　　r_2——工业用水的比例，%；

　　　r_3——生活用水的比例，%。

7.2.1.3　净化水质效益

1. 净化水质效益的实物计量模型

根据北京市林业局和北京林业大学的研究，在森林生态系统中，森林的拦截降水和对比试验相差很大，森林生态系统对拦截降水具有良好的过滤效应，普遍能达到生活用水的标准，有的甚至是最好的水源。因此本节将森林的拦蓄降水量看作森林净化水质效益的实物计量值，其计量模型为

$$森林净化水质量 = 森林拦蓄降水量 \tag{7-8}$$

2. 净化水质效益的价值计量模型

净化水质效益的价值主要采用市场价格法，利用工业净化水质的成本作为森林净化水质的成本标准，其计量模型为

$$V_3 = R_2 \times P_2 \tag{7-9}$$

式中，V_3——森林净化水质的价值，元/a；

　　　R_2——森林净化水质的量，t/a；

　　　P_2——工业净化水质的收费标准，元/t。

7.2.2　水土保持效益的计量与价值估算

森林水土保持的功能，主要是通过其庞大的根系改良、固持和网络土壤的作用，林冠和枯枝落叶层削减侵蚀性降雨的雨滴动能及拦截、分散、滞缓和减弱地表径流作用以及保持土壤结构稳定等作用来实现的。

根据国内外对森林水土保持效益的研究可知，森林生态系统水土保持的功能，主要表现在减少土地资源损失（固土），防止泥沙滞留、淤积，保护土壤肥力（减少有机质损失和养分氮、磷、钾的损失），减少风沙灾害损失，减少崩塌泄流及泥石流灾害损失三方面。

7.2.2.1　固土效益

1.　固土效益的实物计量模型

从理论上来说，森林的固土量应该用有林地和无林地土壤侵蚀的对比研究数据计算。但是目前情况下，由于缺乏森林资源与土壤特性相结合测定的技术参数，普遍采用土壤侵蚀模数作为森林固土效益实物的基本计量指标。为了比较退耕还林前后土壤侵蚀量的变化，本评估根据无林地与有林地的土壤侵蚀差异计量森林固土效益的实物量，其计量模型为

$$Q = \sum_{i=1}^{n}\left[(D_{i0} - D_i)S_i \times \frac{1}{100}\right] \tag{7-10}$$

式中，Q——森林年固土总量，t/a；

　　　n——森林类型数；

　　　i——流动指标，i=1，2，3，…，n；

　　　S_i——第 i 种森林类型的面积，hm^2；

　　　D_i——第 i 种森林类型的土壤侵蚀模数，t/(km^2·a)；

　　　D_{i0}——与第 i 种森林类型相对照的坡耕地土壤侵蚀模数，t/(km^2·a)。

2.　固土效益的价值计量模型

每年因土壤侵蚀会损失大量的表土，表现为经济损失，首先是丧失土地的价值。因此可以先根据土壤的侵蚀量和一般土壤的耕作层厚度计算出相应的土地面积减少量，然后再用影子工程法，即以当地林业生产的平均收益[全国平均值为282.17 元/（hm^2·a）]来计量森林减少土地损失的经济价值，其计量模型为

$$V_4 = \sum_{i=1}^{n} \frac{G}{g_i L_i} \times \frac{1}{10\,000} \times Y_i \tag{7-11}$$

式中，V_4——森林固土效益的经济价值，元/a；

　　　G——第 i 种森林类型的年固土量，t/a；

　　　g_i——第 i 种森林类型的土壤容重，g/cm^3；

　　　L_i——第 i 种森林类型的表土层厚度，m；

　　　Y_i——第 i 种森林类型从事林业生产的受益，元/（hm^2·a）。

7.2.2.2　防止泥沙淤积效益

1.　防止泥沙淤积的实物计量模型

目前一般采用以下模型计量森林防止泥沙淤积的实物量。

$$E = \sum_{i=1}^{n} \frac{Q_i}{G_i} d \qquad (7\text{-}12)$$

式中，E——森林减少泥沙淤积的量，t；

Q_i——第 i 种森林类型的固土量，t/a；

G_i——第 i 种森林类型的土壤容重，g/cm^2；

d——进入河道或水库中的泥沙占泥沙流失量的比例，%。

2. 防止泥沙淤积效益的价值计量模型

水土流失，造成河道泥沙淤积，河床抬高。相关部门每年需要进行河道淤积物的清理，因此森林防止泥沙淤积效益的价值可以用恢复和防护费用法进行估算。其计量模型为

$$V_5 = EP \qquad (7\text{-}13)$$

式中，V_5——森林减少泥沙淤积的价值，元/a；

E——森林减少泥沙淤积的量，t/a；

P——清除单位泥沙的费用，元/a。

7.2.2.3 减少土壤肥力损失效益

1. 减少土壤肥力损失效益的实物计量模型

土壤侵蚀使土壤中的氮、磷、钾及有机质大量流失，从而农民会增加土壤的化肥使用量，因此森林减少土壤氮、磷、钾及有机质损失的量，可通过退耕还林每年减少土壤流失的量与流失土壤中氮、磷、钾和有机质的含量来表示。其计量模型为

$$M = \sum_{i=1}^{n} \left(Q_i \sum_{i}^{m} P_{ij} \right) \qquad (7\text{-}14)$$

式中，M——减少土壤肥料损失的总量，t；

Q_i——第 i 种森林类型的固土量，t；

P_{ij}——第 i 种森林类型土壤中的第 j 种养分的含量，%（i，j 为流动指标，$i=1, 2, 3, \cdots, n$；$j=1, 2, 3, 4$。当 j 取值为 1, 2, 3, 4 时，代表的养分类型分别为有机质、全氮、全磷、全钾）；

n——森林类型数；

m——养分类型数。

2. 减少土壤肥力损失效益的价值计量模型

森林减少土壤氮、磷、钾及有机质损失的价值，可通过把这些养分元素用于

生产化肥所能获得的最大市场收益来表示，其计量模型为

$$V_6 = MP_{1i}P_{2i}$$ （7-15）

式中，V_6——森林减少土壤肥力损失的价值，元/a；

M——森林减少土壤肥力损失的总量，t/a；

P_{1i}——纯氮、磷、钾折算后的比例；

P_{2i}——各种化肥和有机质的市场价格，元/t。

7.2.3　改良土壤效益的计量与价值估算

森林土壤是在森林植被下产生和发育起来的，具有其他土壤不具备的三种成土因素，即森林死地被物、林木根系和依靠森林生存的特有生物。森林死地被物通过自身的分解来补充森林土壤的有机质，有利于土壤形成颗粒比较大的团聚体，而大颗粒的团聚体之间具有较多的非毛管孔隙。庞大的林木根系的生命对森林土壤的各向切割作用，使得森林土壤的结构变得疏松多孔。根系死亡后，增加了土壤下层的有机物质，也可促进土壤孔隙结构的形成。根系腐烂后，在土壤中留下许多孔道。另外，林木根系在其生长过程中，不断地产生根系分泌物，在许多情况下，根系分泌物能促进土壤团聚体的形成。由于林木根系的上述物理、化学作用，森林土壤内部容易形成比较大的孔隙。森林生态系统中除了具有上述两类特殊的产物外，其内部还生存着大量的动物，动物的代谢产物及死亡后的遗体可以增加土壤中有机质的含量，这些孔隙和有机质增大了土壤非毛管孔隙度，改良了土壤的水文物理特性。由此可以看出，森林以及整个森林生态系统对其生长的土壤起着重要的改良作用（赵同谦等，2004）。

1. 改良土壤效益的实物计量模型

通过对森林改良土壤效益的作用机理分析可知，退耕还林森林对土壤的改良作用主要表现在两个方面：一是对土壤孔隙和颗粒大小等物理特性的改良；二是增加土壤有机质和养分。森林对土壤孔隙度等物理特性改良作用的效益主要体现在土壤拦蓄降水量增加，这已经在森林的水源涵养效益中计量。为了避免效益的重复计量，在此只对森林增加土壤有机质和养分含量进行计量，而退耕还林森林增加土壤有机质和养分的主要途径是通过增加地表枯落物的量来实现。其计量模型为

$$E = \sum_{i=1}^{n}\left(Q_i \sum_{i}^{4} P_{ij}\right)$$ （7-16）

式中，E——枯落物增加土壤肥料的总量，t/a；

Q_i——第 i 种森林类型的枯落物的量，t/a；

P_{ij}——第 i 种枯落物中第 j 种养分的含量，%（i,j 为流动指标，$i=1,2,3,\cdots,$

n；j=1, 2, 3, 4。当 j 取值为 1, 2, 3, 4 时，代表的养分类型分别为有机质、全氮、全磷、全钾）。

2. 改良土壤效益的价值计量模型

森林的存在改善了土壤的物理结构和化学特性，退耕还林森林每年代谢的枯落物在土壤微生物的作用下，分解成土壤所需要的养分，使土壤起到了自肥的作用。因此，可以用市场价格法，把退耕还林森林枯落物中有机质和氮、磷、钾的含量折合成相应的化肥的量，然后根据各种化肥在当地的销售价格计算退耕还林森林的改良土壤效益，其计量模型为

$$V_7 = EP_{1i}P_{2i} \tag{7-17}$$

式中，V_7——森林改良土壤的经济价值，元/a；

E——枯落物中氮、磷、钾肥和有机质的含量，t/a；

P_{1i}——纯氮、磷、钾的折算比例；

P_{2i}——各种化肥和有机质的市场价值，元/t。

7.2.4 固碳释氧效益的计量与价值估算

森林是地球陆地生态系统的主体。在陆地植物与大气中 CO_2 的交换中，90%以上是由森林植被完成的。据计算，每年全球植物吸收 CO_2 约 936 亿 t，据研究，陆地植物释放到大气的 O_2 占全部绿色植物 O_2 产量的 60%以上。森林植物在其生长过程中通过光合作用，吸收大气中的 CO_2 将其固定在森林生物量（包括树干、枝、叶和根）中，成了大气中 CO_2 的吸收汇合缓冲器；在吸收 CO_2 的同时，绿色植物还释放出大量的 O_2，其化学反应方程式为

$$CO_2(264g)+H_2O(108g) \longrightarrow 葡萄糖(180g)+O_2(192g) \longrightarrow 多糖(162g)$$

上述方程式中，林木生长每产生 162g 干物质需吸收(固定) CO_2 264g，释放 O_2 192g，则林木每形成 lt 干物质，需吸收(固定)约 1.63t CO_2，释放约 1.20t O_2。

7.2.4.1 固定 CO_2 效益

1. 固定 CO_2 效益的实物计量模型

森林生态系统是一个复杂生态系统，发生植物的光合作用和呼吸作用。光合作用的过程实际上是固定 CO_2、生产有机物质并释放 O_2 的过程。一个森林群落通过光合作用能固定多少 CO_2，实测的难度很大。目前对森林固碳释氧效益的评估，采用较多的有蓄积量法、微气象学相关技术和生物量法。本评估考虑研究区的实际情况和收集到的现有数据，采用第三种方法即生物量法来估算退耕还林的固碳释氧效益，其计量模型为

$$R_1 = \sum_{i=1}^{n} M_i S_i d_i C_i K_i \qquad （7-18）$$

式中，R_1——森林固定 CO_2 的量，t;

M_i——第 i 种森林类型的单位面积森林蓄积量，$m^3/(hm^2 \cdot a)$;

S_i——第 i 种森林类型的面积，hm^2;

d_i——第 i 种森林类型的生长年限，a;

C_i——第 i 种林木总生物量与树干生物量之比;

K_i——森林生产 1t 干物质吸收的 CO_2 的量，t。

2. 固定 CO_2 效益的价值计量模型

充分考虑目前我国生态效益计量的基本现状和磨盘山水库的实际状况，其固定 CO_2 效益的价值计量方法本节采用造林成本法，其计量模型为

$$V_8 = R_1 P_1 G_1 \qquad （7-19）$$

式中，V_8——森林固定 CO_2 效益的价值，元/a;

R_1——森林固定 CO_2 的量，t/a;

P_1——根据我国造林成本固定 1t CO_2 的成本，元/t;

G_1——将 CO_2 折合成纯碳的比例，根据 CO_2 的分子量，$C/CO_2=0.2729$。

7.2.4.2 释放 O_2 效益

1. 释放 O_2 效益的实物计量模型

森林在吸收空气中 CO_2 的同时，释放 O_2，维持大气中的碳氧平衡。根据森林光合作用的方程式可见，林木生长每形成 1t 干物质，需吸收（固定）约 1.63t CO_2，释放约 1.20t O_2，因此，释放 O_2 的计量模型为

$$R_2 = \frac{1.20R_1}{1.63} \qquad （7-20）$$

式中，R_2——森林释放 O_2 的量，t;

R_1——森林固定 CO_2 的量，t。

2. 释放 O_2 效益的价值计量模型

释放 O_2 效益的价值计量采取市场价值法，通过我国造林成本计算，其计量模型为

$$V_9 = R_2 P_2$$

式中，V_9——森林释放 O_2 效益的价值，元/a;

R_2——森林释放 O_2 的量，t/a;

P_2——根据我国造林成本释放 $1t\ O_2$ 的成本，元/t（王孔敬，2011）。

7.2.5 净化大气环境效益的计量与价值估算

7.2.5.1 吸收 SO_2 效益

1. 吸收 SO_2 效益的实物计量模型

《中国生物多样性国情研究报告》（1998）中研究表明，阔叶林和针叶林平均吸收 SO_2 能力分别为 5.91kg/（亩·a）、14.37kg/（亩·a），因此，吸收 SO_2 的计量模型为

$$E = 5.91R_1 + 14.37R_2 \tag{7-21}$$

式中，R_1——阔叶林种植面积，亩；

R_2——针叶林种植面积，亩。

2. 吸收 SO_2 效益的价值计量模型

根据我国《排污费征收标准管理办法》的标准，SO_2 的排污费的征收标准为 630 元/t，采用面积吸收能力法计算，效益价值模型为

$$V_{10} = \sum_{i=1}^{n} (A_i R_i) K \times 10^{-3} \times 10^{-4} \tag{7-22}$$

式中，V_{10}——水源涵养林吸收 SO_2 效益，万元；

A_i——吸收 SO_2 的有效面积，亩；

R_i——不同林地类型单位面积吸收 SO_2 的量，kg/（亩·a）；

K——治理 SO_2 的单位成本，元/t。

7.2.5.2 阻滞降尘效益

1. 阻滞降尘效益的实物计量模型

根据《中国生物多样性国情研究报告》（1998）的研究成果，阔叶林和针叶林平均滞尘能力分别为 0.67t/（亩·a）、2.21t/（亩·a），阻滞降尘的计量模型为

$$E = 0.67R_1 + 2.21R_2 \tag{7-23}$$

式中，R_1——阔叶林种植面积，亩；

R_2——针叶林种植面积，亩。

2. 阻滞降尘效益的价值计量模型

根据《中华人民共和国林业行业标准》（LY/T 1721—2008），森林阻滞降尘的人工成本为 150 元/t。效益价值模型为

$$V_{11} = \sum_{i=1}^{n}(A_i R_i)K \times 10^{-3} \times 10^{-4} \qquad\qquad (7\text{-}24)$$

式中，V_{11}——水源涵养林阻滞降尘价值效益，万元；

　　　A_i——不同类型林地阻滞降尘的有效面积，亩；

　　　R_i——不同林地类型单位面积阻滞降尘能力，kg/（亩·a）；

　　　K——人工消减粉尘的单位成本，元/t（王金龙，2016）。

7.3　社会效益评估指标计量与价值估算

7.3.1　创造就业机会

磨盘山水库流域生态补偿工程中造林工程的实施，给项目区当地居民创造大量就业机会。2012～2015 年，项目区的建设雇用了大量的人工，解决了数千职工的就业问题。所以，造林工程的实施可以吸纳相当数量的就业岗位，在某种程度上促进了当地的和谐发展，客观上有利于社会的稳定。由此可见，水源涵养林项目不仅转移了农村劳动力，促进了地区林农就业，而且增加了林农收入，改善林农生活。

依据市场行情，每个工日的用工费用为 50 元，则创造就业机会的价值计算方法为

$$V_{12}(万元) = 用工数量（工日）\times 50 \times 10^{-4} \qquad\qquad (7\text{-}25)$$

7.3.2　产业结构调整

磨盘山水库流域生态补偿工程通过建设成水源生态保护林，优化了农村地区的资源配置方式，将那些耕种农作物产量低又不稳定的陡坡耕地、沙化耕地以及产量低而生态地位却非常重要的荒地覆上植被，调整了农村经济结构，优化了生产要素的配置。在宜林荒山种植山杏、核桃、沙棘等可以通过收获果实产生经济收益的经济林，给项目区农户家庭带来一定的经济收益，提高了该地区农户家庭的生活质量，促进了农村经济发展。从磨盘山水源生态保护林建设工程实施的情况来看，随着后续工程的大规模开展，这个目标将会逐步实现。同时，合作造林工程建设也会直接带动当地苗木产业的发展。后期水源生态保护林的造林工程将会培育出一大批苗木种植大户和专业化的苗木公司，极大地改善当地的林业产业结构。根据磨盘山水源涵养林项目计划，作业区将会采购苗木。另外，因开展森林抚育，林地面积增加，地区生态环境质量明显得到改善，山河屯林业局在旅游产业方面也投入一定的生态补偿资金，旅游收入也逐年增加。然而，旅游产业效益增加的因素较多，与地方政策、宣传、社会发展等多个因素相关。为此，参照王金龙（2016）在《京冀合作造

林工程绩效评估创新研究》中采用的方法，本评估拟直接以苗木费作为产业结构调整的经济价值的一部分。但根据调查，2012～2015 年，山河屯林业局在苗木采购方面仅投入约 150 万元。因此，在本章涉及社会效益的经济价值计算中，仅考虑创造就业机会的经济价值，产业结构调整的经济价值忽略不计。

7.4 经济效益评估指标计量与价值估算

7.4.1 增加粮食产量效益价值

通过造林工程能够将原来利用率低下、生产力低下的农田改造成集中连片、可以灌溉的高标准基本农田，既能够增加基本农田面积从而增加粮食的产量，也能够提高单位面积农田的产量从而增加当地粮食的产量，其计算方法为

$$V_{13} = M_1 r_1 \tag{7-26}$$

式中，V_{13}——提高粮食产量带来的经济价值，元/a；

M_1——增加的粮食的总量，kg；

r_1——单位质量粮食的价格，元/kg，一般按 2.36 元/kg 估算。

然而，如 5.6.3 节所述，由于各类粮食种植面积变化较大，但近几年单位面积的粮食产量基本不变，所以，增加粮食产量的效益价值也不予以考虑。

7.4.2 林木储备效益价值

林木储备的价值是造林工程经济价值的重要组成部分，尽管其具有生态公益林特性，但还是可以通过活立木年蓄积的收益评估造林工程的经济效益（李坦等，2013）。根据林业管理部门对山河屯林业局造林部门的实际调查，水源保护林建设项目造林核实率均达到 100%，验收实际造林面积与作业设计面积误差均在 5%的范围内，苗木总体成活率都在 85%以上，水源生态保护林建设的效益评估期为 2012～2015 年。本节主要对优势树种的林木储备效益进行评估，活立木交易价格参考《森林资源资产价值评估技术规范》（LY/T 2407—2015）。其计算方法为

$$V_{14} = M_2 r_2 \tag{7-27}$$

式中，V_{14}——增加的木材储量带来的经济价值，元/a；

M_2——增加的木材储量总量，m³；

r_2——单位质量林产品价格，元/m³，一般按 1000 元/m³ 估算。

7.4.3 增加林产品产量效益价值

植树造林是重要的水土保持方式之一，在当地立地条件允许的情况下，一般

选用适合当地立地条件的经济林树种，在达到良好水土保持效果的前提下带来可观的经济效益，其计算方法为

$$V_{15} = M_3 r_3 \tag{7-28}$$

式中，V_{15}——增加的林产品带来的经济价值，元/a；

  M_3——增加的林产品总量，kg；

  r_3——单位质量林产品价格，元/kg，一般按 6.78 元/kg 估算。

根据调研，汇水区内主要的林产品为山木耳、蘑菇等，且产量少，此部分产生的经济效益价值在后续章节计算中忽略不计。

7.4.4 经济果林效益价值

林区内种植的经济果林进入盛果期将为当地带来巨大的经济效益。由于数据收集的有限性和计算的简便性，本书假设各种经济林果在整个评估期内年均产量是不变的，价格也是不变的，那么就可以按照年平均产值计量其经济效益。计量公式为

$$V_{16} = M_4 r_4 C \tag{7-29}$$

式中，V_{16}——年均经济林果效益，元/a；

  M_4——年度造林面积，亩；

  r_4——经济林成活率，%；

  C——单位面积经济林价值，元/亩，一般按 748 元/亩估算。

根据调研，汇水区内涉及的经济果林数量较少，主要经济植物种类有 30 种。其中药用植物 8 种，主要种类有刺五加、暴马丁香、五味子、平贝母、胡桃楸、延胡索、月见草、天麻；食用植物 6 种，主要有薇菜、蕨菜、刺嫩芽、黄瓜香、猴腿（水蕨菜）、水蒿（柳蒿）；饲料植物 3 种，主要有蒿子、大蓟、小蓟；油料植物 3 种，主要有胡枝子、接骨木、月见草；纤维植物 1 种，主要为芦苇；单宁植物 3 种。因数量少，且相关资料有限，此部分产生的经济效益价值在后续章节计算中忽略不计。

7.5 磨盘山水库生态补偿效益总量与价值估算

7.5.1 生态效益总量与价值计量分析

7.5.1.1 水源涵养效益的计量与价值估算

水源涵养功能是森林生态系统的重要功能之一，水源涵养功能主要表现在对土壤物理结构的改善、对降水的再分配。因此，土壤的性质，特别是土壤的容重

和非毛管孔隙度状况直接影响土壤的通气性和透水性，是决定森林水源涵养功能的重要因素。一般来说，土壤的容重越小、非毛管孔隙度越大，说明土壤的发育良好，有利于水分的保持与渗透。林地表层枯落物的现存量及其构成和树木根系的生长发育各异，造成了土壤物理性质的差异，不同林地土壤物理性质存在较大的差异。根据调查，2011~2015 年，汇水区内各林地类型种植面积及土壤物理性质如表 7-1 所示。

表 7-1　不同林地类型及森林土壤的物理性质

林地类型	土壤容重/(g/cm³)	土壤非毛管孔隙度/%	林地种植面积/hm²				
			2011 年	2012 年	2013 年	2014 年	2015 年
红松	1.462	7.317	1 405	1 405	1 405	1 405	1 480
云杉	1.367	9.466	587	587	587	587	589
冷杉	1.412	8.164	464	464	464	464	464
落叶松	1.349	9.002	3 743	3 747	3 749	3 756	3 771
樟子松	1.252	8.495	47	47	47	47	47
水曲柳	1.164	11.308	505	507	507	507	507
胡桃楸	1.038	10.245	3 156	3 158	3 160	3 160	3 161
黄菠萝	1.07	9.722	3	3	3	3	3
柞树	1.461	8.722	184	187	187	187	187
榆树	1.234	9.036	105	105	105	105	105
枫桦	1.237	10.437	1 245	1 245	1 245	1 245	1 245
色树	1.228	9.093	5	5	5	5	5
椴树	1.261	11.974	177	177	177	177	177
白桦	1.075	9.191	2 193	2 193	2 193	2 193	2 193
杨树	1.391	10.088	270	270	270	270	270
青杨	1.267	10.299	45	45	45	45	45
其乔	1.436	8.889					
针混	1.182	11.589	4 170	4 170	4 170	4 170	4 170
珍混	1.278	9.246	4 768	4 787	4 787	4 787	4 787
阔混	1.235	11.073	71 966	71 966	71 966	71 966	71 966
混交	1.271	9.108	18 744	18 744	18 744	18 744	18 744
山槐	1.127	10.888	10	10	10	10	10
波纹柳	1.458	9.864	4	2	2	2	2
亚混	1.354	10.604	10	10	10	10	10
荒地	1.53	3.04	—				

1. 拦蓄降水效益的实物计量与价值

根据磨盘山水库野外调查和室内分析数据，由式（7-4）实物计量模型

$R = \sum_{i=1}^{n}(K_i L_i S_i \times 1000)$ 计算，其中不同林地类型的土壤非毛管孔隙度和林地面积如表 7-1 所示。根据调查，磨盘山水库水源涵养林土壤厚度为 50～70cm，本评估统一按 60cm 处理，可计量得出 2011～2015 年磨盘山水库水源涵养林拦蓄降水量分别为 7 158 675.83t/a、7 160 243.19t/a、7 160 474.15t/a、7 160 852.24t/a 和 7 165 130.13t/a。结果显示，随着林地面积不断增加，磨盘山水库水源涵养林的拦蓄降水量也逐年上升。

根据磨盘山水库水源涵养林拦蓄降水量的计算结果，依据国家林业局《森林生态系统服务功能评估规范》，水库工程造价成本按 61 107 元/m³，按照影子工程法，通过式（7-5）的价值计量模型 $V_1 = R_1 P_1$，可求出磨盘山水库水源涵养林 2011～2015 年由林地拦蓄降水带来的经济价值分别为 4374.45 万元、4375.41 万元、4375.55 万元、4375.78 万元和 4378.40 万元。

2. 增加地表有效水量的实物计量与价值

根据磨盘山水库野外调查和室内分析数据，由式（7-6）实物计量模型 $T = \sum_{i=1}^{n}[(K_i - K_{i0})L_i S_i \times 1000]$，不同林地类型的土壤非毛管孔隙度和林地面积如表 7-1 所示，土壤厚度按 60cm 处理，可计量得出 2011～2015 年磨盘山水库水源涵养林增加地表有效水量分别为 5 082 854t/a、5 083 911t/a、5 084 069t/a、5 084 319t/a、5 086 901t/a。

按照式（7-7）价值计量模型 $V_2 = T \times (P_1 r_1 + P_2 r_2 + P_3 r_3)$，根据 2011～2015 年当地农田灌溉用水量和生活用水量比例，当地生活用水、农田灌溉用水的实际价格分别为 3.2 元/t、0.5 元/t，2011～2015 年磨盘山水库增加的地表有效水量的价值分别约为 940.33 万元、1215.05 万元、666.01 万元、940.60 万元、941.08 万元。

3. 净化水质效益的实物计量与价值

根据式（7-8）实物计量模型，森林净化水质量即为森林拦蓄降水量，根据上述计算结果，2011～2015 年磨盘山水库水源涵养林拦蓄降水量分别为 7 158 675.83t/a、7 160 243.19t/a、7 160 474.15t/a、7 160 852.24t/a 和 7 165 130.13t/a。

按照哈尔滨市净化水的价格 2.09 元/t 计算，2011～2015 年，每年净化水质的价值约为 1496.16 万元、1496.49 万元、1496.53 万元、1496.62 万元、1497.51 万元。

磨盘山水库水源涵养林 2011～2015 年水源涵养效益的计量与价值估算结果见表 7-2。

表 7-2   水源涵养效益的实物计量与价值估算结果

年份	年储水量/t	拦蓄降雨价值/元	增加地表有效水量/（t/a）	增加地表有效水量价值/元	净化水质量/（t/a）	净化水质价值/元	总价值/元
2011	7 158 676	43 744 520	5 082 854	9 403 281	7 158 676	14 961 632	68 109 433
2012	7 160 243	43 754 098	5 083 911	12 150 547	7 160 243	14 964 908	70 869 553
2013	7 160 474	43 755 509	5 084 069	6 660 130	7 160 474	14 965 391	65 381 030
2014	7 160 852	43 757 820	5 084 319	9 405 991	7 160 852	14 966 181	68 129 992
2015	7 165 130	43 783 961	5 086 901	9 410 767	7 165 130	14 975 122	68 169 850

7.5.1.2   水土保持效益的计量与价值估算

土壤的侵蚀模数是评价土壤侵蚀程度的重要指标。不同土地利用方式，由于其植被类型的不同，土壤的侵蚀模数存在较大的差异。通过野外观测和定位监测可知，磨盘山水库主要林地土壤的侵蚀模数如表 7-3 所示。

表 7-3   不同林地类型土壤的侵蚀模数、有机质和养分含量

树种	土壤侵蚀模数/（t/hm²）	氮含量/%	磷含量/%	钾含量/%	有机质含量/%
红松	33.341	0.279	0.043	2.401	7.663
云杉	28.432	0.269	0.032	2.627	6.571
冷杉	38.222	0.285	0.037	2.282	8.207
落叶松	27.404	0.174	0.023	2.853	7.572
樟子松	35.584	0.196	0.039	2.676	6.742
水曲柳	35.692	0.482	0.034	2.733	9.077
胡桃楸	32.458	0.366	0.039	2.984	8.649
黄菠萝	33.344	0.326	0.028	2.918	9.205
柞树	23.487	0.376	0.052	2.379	9.361
榆树	23.948	0.393	0.028	2.238	8.495
枫桦	33.602	0.466	0.036	2.914	10.047
色树	22.733	0.479	0.027	2.058	9.869
椴树	24.074	0.374	0.049	2.111	10.625
白桦	20.198	0.416	0.036	2.126	9.809
杨树	21.584	0.312	0.039	2.664	10.553
青杨	17.932	0.417	0.044	2.139	9.476
其乔	22.759	0.317	0.037	2.053	9.478
针混	31.267	0.551	0.044	2.402	10.325
珍混	28.608	0.432	0.037	2.791	11.839
阔混	24.455	0.377	0.039	2.409	12.223
混交	26.686	0.363	0.045	2.265	12.287

续表

树种	土壤侵蚀模数 / （t/hm²）	氮含量/%	磷含量/%	钾含量/%	有机质含量 /%
山槐	20.066	0.373	0.029	2.409	10.099
波纹柳	24.995	0.188	0.034	2.838	9.923
亚泥	19.589	0.343	0.043	2.292	11.058
荒地	84	0.055	0.005	0.351	5.725

1. 固土效益的实物计量与价值

根据式（7-10）实物计量模型 $Q = \sum_{i=1}^{n}\left[(D_{i0} - D_i)S_i \times \dfrac{1}{100}\right]$，不同森林类型的土壤侵蚀模数如表 7-3 所示，以此可以计算出每年固土量。2011～2015 年，磨盘山水库汇水区内年固土量分别为 66 222.4t/a、66 237.82t/a、66 239.98t/a、66 243.94t/a 和 66 292.05t/a。

根据式（7-11）价值计量模型 $V_4 = \sum_{i=1}^{n}\dfrac{G}{g_i L_i} \times \dfrac{1}{10\,000} \times Y_i$，采用影子工程法，按照全国林地生产的平均受益 282.17 元/（hm²·a）计算，可计算得到 2011～2015 年磨盘山水库汇水区每年固土效益的价值分别为 2515.98 元、2516.56 元、2516.64 元、2516.78 元和 2518.36 元。

2. 防止泥沙淤积效益的实物计量与价值

根据土壤侵蚀量与入库泥沙量的研究，库区泥沙输移比约为 30%。通过式（7-12）实物计量模型 $E = \sum_{i=1}^{n}\dfrac{Q_i}{G_i}d$，计算出 2011～2015 年每年减少河道泥沙淤积量分别为 16 049.79t/a、16 053.44t/a、16 053.99t/a、16 054.88t/a 和 16 064.95t/a。

以上述计量结果为基础，采用恢复和防护费用法，依据当地经济发展水平，开挖河流泥沙的单价按 12 元/t 计算。根据式（7-13）价值计量模型 $V_5 = EP$ 计算得到 2011～2015 年防止泥沙淤积效益的价值分别为 192 597.52 元、192 641.33 元、192 647.93 元、192 658.5 元和 192 779.43 元。

3. 减少土壤肥力损失效益的实物计量与价值

退耕还林森林土壤中含有植物所需要的各种养分和有机质，水土流失造成土壤肥力下降，土壤养分损失量的大小主要取决于土壤侵蚀模数、侵蚀面积和土壤中养分含量。据调查分析，不同林地土壤有机质和养分的含量见表 7-3。通过式（7-14）实物计量模型 $M = \sum_{i=1}^{n} (Q_i \sum_{i}^{m} P_{ij})$，计算可得 2011 年土壤减少氮肥损失量 248.93t、减少磷肥损失量 26.13t、减少钾肥损失量 1608.86t、减少有机质损失量 7765.68t；2012 年土壤减少氮肥损失量 248.99t，减少磷肥损失量 26.13t，减少钾肥损失量 1609.28t，减少有机质损失量 7767.32t；2013 年土壤减少氮肥损失量 249.0t、减少磷肥损失量 26.13t、减少钾肥损失量 1609.35t、减少有机质损失量 7767.5t；2014 年土壤减少氮肥损失量 249.01t、减少磷肥损失量 26.13t、减少钾肥损失量 1609.46t、减少有机质损失量 7767.8t；2015 年土壤减少氮肥损失量 249.13t、减少磷肥损失量 26.15t、减少钾肥损失量 1610.66t、减少有机质损失量 7771.47t。

根据不同退耕林地类型土壤养分含量和每年固土量的计量结果，采用市场价格法，将土壤中的纯氮、磷、钾按比例折算成化肥：尿素（氮含量 46%）、磷酸二铵（磷含量 50%）、硫酸钾（钾含量 50%）；按照当地化肥销售价格：氮肥（尿素）1440 元/t，磷肥（磷酸二铵）1850 元/t，钾肥（硫酸钾）1750 元/t，农家肥 25 元/t；通过式（7-15）价值计量模型 $V_6 = MP_{1i}P_{2i}$ 计算得到，2011～2015 年保肥效益的经济价值分别为 671.43 万元、671.6 万元、671.63 万元、671.67 万元和 672.14 万元。

综上所述，磨盘山水库水土保持效益各年的实物计量与价值估算结果分别见表 7-4 和表 7-5。

表 7-4　2011～2015 年生态补偿工程水土保持效益实物计量结果 （单位：t/a）

年份	年固土总量	减少泥沙淤积量	减少氮肥损失量	减少磷肥损失量	减少钾肥损失量	减少有机质损失量	减少土壤肥力总量
2011	66 222.40	16 049.79	248.93	26.13	1 608.86	7 765.68	9 649.59
2012	66 237.82	16 053.44	248.99	26.13	1 609.28	7 767.32	9 651.73
2013	66 239.98	16 053.99	249.0	26.13	1 609.35	7 767.5	9 651.98
2014	66 243.94	16 054.87	249.01	26.13	1 609.46	7 767.8	9 652.40
2015	66 292.05	16 064.95	249.13	26.15	1 610.66	7 771.47	9 657.41

表 7-5　2011～2015 年生态补偿工程水土保持效益价值估算结果 （单位：元）

年份	固土经济效益	减少泥沙淤积经济效益	减少氮肥损失效益	减少磷肥损失效益	减少钾肥损失效益	减少有机质损失效益	保持土壤肥力总效益	总价值
2011	2 515.98	192 597.52	779 263.56	109 853.24	5 631 002.93	194 141.93	6 714 261.66	6 909 375.2
2012	2 516.56	192 641.33	779 459.03	109 877.11	5 632 491.09	194 183.10	6 716 010.34	6 911 168.2
2013	2 516.64	192 647.93	779 477.01	109 879.87	5 632 711.78	194 187.48	6 716 256.13	6 911 420.7
2014	2 516.78	192 658.50	779 498.59	109 883.62	5 633 107.38	194 194.98	6 716 684.56	6 911 859.8
2015	2 518.36	192 779.43	779 891.93	109 962.85	5 637 303.95	194 286.77	6 721 445.50	6 916 743.3

7.5.1.3　改良土壤效益的计量与价值估算

通过对森林改良土壤效益的作用机理分析可知，森林对土壤的改良作用主要表现在两个方面：一是改良土壤孔隙和颗粒大小等物理特性；二是增加土壤有机质和养分。森林对土壤孔隙度等物理特性改良作用的效益，主要体现在土壤拦蓄降水量增加，这已经在森林的水源涵养效益中进行计量，为了避免效益的重复计量，在此只对森林增加土壤有机质和养分含量进行计量。森林增加土壤有机质和养分的主要途径是通过增加林地枯落物含量来实现，通过实地调查分析可得，磨盘山水库汇水区内主要林地枯落物的蓄积量和养分含量如表 7-6 所示。

表 7-6　不同林地枯落物量和养分含量

树种	枯落物量 /（t/hm²）	枯落物中氮 含量/%	枯落物中磷 含量/%	枯落物中钾 含量/%	枯落物中有机质 含量/%
红松	1.035	1.606	0.167	0.371	48.315
云杉	1.969	1.895	0.166	0.347	46.015
冷杉	2.222	1.224	0.165	0.419	52.978
落叶松	1.687	1.446	0.179	0.264	58.736
樟子松	1.775	1.008	0.181	0.305	56.089
水曲柳	2.447	1.993	0.139	0.326	55.222
胡桃楸	3.678	1.741	0.174	0.394	40.791
黄菠萝	2.529	1.776	0.246	0.361	53.762
柞树	2.198	1.817	0.193	0.468	48.968
榆树	2.541	1.881	0.197	0.576	45.457
枫桦	3.352	1.941	0.251	0.347	50.981
色树	4.391	1.701	0.259	0.554	53.965
椴树	2.671	1.787	0.251	0.484	43.649
白桦	2.459	1.396	0.186	0.559	58.452
杨树	2.931	1.143	0.158	0.357	49.212
青杨	2.035	1.184	0.196	0.406	43.432
其乔	2.714	1.788	0.171	0.397	50.789
针混	2.533	1.995	0.195	0.368	51.887
珍混	2.122	1.817	0.131	0.405	59.681
阔混	2.413	1.127	0.182	0.305	41.013
混交	2.079	1.409	0.241	0.378	52.349
山槐	2.246	1.658	0.145	0.425	47.264
波纹柳	2.189	1.144	0.187	0.437	41.274
亚混	2.873	1.394	0.145	0.461	50.416

根据表 7-6 中的监测数据，通过式（7-16）计量模型 $E = \sum\limits_{i=1}^{n} \left(Q_i \sum\limits_{i}^{4} P_{ij} \right)$，可计

量得出 2011 年增加土壤肥力 125 237.26t，其中增加氮肥量 3466.07t、增加磷肥量
507.83t、增加钾肥量 891.16t、增加有机质量 120 372.2t；2012 年增加土壤肥力
125 273.86t，其中增加氮肥量 3467.19t、增加磷肥量 507.92t、增加钾肥量 891.4t、
增加有机质量 120 407.36t；2013 年增加土壤肥力 125 279.08t，其中增加氮肥量
3467.37t、增加磷肥量 507.94t、增加钾肥量 891.44t、增加有机质量 120 412.34t；
2014 年增加土壤肥力 125 286.24t，其中增加氮肥量 3467.54t、增加磷肥量 507.96、
增加钾肥量 891.47t、增加有机质量 120 419.27t；2015 年增加土壤肥力 125 344.24t，
其中增加氮肥量 3469.29t、增加磷肥量 508.14t、增加钾肥量 891.85t、增加有机质
量 120 474.95t。

根据上述计量结果，采用市场价格法，将枯落物中的有机质和土壤中纯氮、
磷、钾折算成化肥：尿素（氮含量 46%）、磷酸二铵（磷含量 50%）、硫酸钾（钾
含量 50%）；按照当地化肥销售价格：氮肥（尿素）1440 元/t，磷肥（磷酸二铵）
1850 元/t，钾肥（硫酸钾）1750 元/t，农家肥 25 元/t；通过计量模型 $V_7 = EP_{1i}P_{2i}$ 计
算出 2011～2015 年通过增加林地枯落物蓄积量，补充林地养分的经济价值分别为
1911.38 万元、1911.95 万元、1912.03 万元、1912.13 万元和 1913.03 万元。

综上所述，磨盘山水库改良土壤效益各年的养分含量的计量与价值估算结果
分别见表 7-7 和表 7-8。

表 7-7　改良土壤效益的养分含量的计量　　　　　（单位：t/a）

年份	增加氮肥量	增加磷肥量	增加钾肥量	增加有机质量	增加土壤肥力总量
2011	3 466.07	507.83	891.16	120 372.20	125 237.26
2012	3 467.19	507.92	891.40	120 407.36	125 273.86
2013	3 467.37	507.94	891.44	120 412.34	125 279.08
2014	3 467.54	507.96	891.47	120 419.27	125 286.24
2015	3 469.29	508.14	891.85	120 474.95	125 344.24

表 7-8　改良土壤效益价值估算　　　　　（单位：元）

年份	增加氮肥效益	增加磷肥效益	增加钾肥效益	增加有机肥效益	增加土壤肥力效益
2011	10 850 292	2 135 183	3 119 069	3 009 305.11	19 113 848.69
2012	10 853 815	2 135 558	3 119 901	3 010 183.88	19 119 457.27
2013	10 854 369	2 135 637	3 120 033	3 010 308.44	19 120 347.29
2014	10 854 903	2 135 726	3 120 142	3 010 481.84	19 121 253.23
2015	10 860 385	2 136 516	3 121 483	3 011 873.84	19 130 257.55

7.5.1.4　固碳释氧效益的计量与价值估算

根据式（7-18）实物计量模型 $R_1 = \sum_{i=1}^{n} M_i S_i d_i C_i K_i$，可以计量得出几种主要林地类型每年固定 CO_2 的量。对于经济林和灌丛生物量和生产力资料，主要是在借鉴胡会峰等（2006）研究成果基础上计算得出，即平均幼龄林的固碳量为 1.05t/（hm²·a），按森林每生产 1t 干物质需固定 1.63tCO_2，计量得 2011～2015 年固定 CO_2 的总量分别为 20.59 万 t、21.39 万 t、22.26 万 t、23.2 万 t 和 24.23 万 t。同时，根据森林光合作用的方程式，林木生长每形成 1t 干物质，需吸收（固定）1.63t CO_2，释放 1.20t O_2。根据式（7-20）价值计量模型 $R_2 = \dfrac{1.20R_1}{1.63}$，可计算出 2011～2015 年释放 O_2 的量分别为 15.44 万 t、16.04 万 t、16.7 万 t、17.4 万 t 和 18.17 万 t。

根据固碳释氧效益的实物计量结果，按照我国造林成本每吨 CO_2 为 260.90 元，每吨 O_2 为 352.93 元，分别通过计量模型 $V_8 = R_1 P_1 G_1$ 和 $V_9 = R_2 P_2$，可计量得出 2011 年固碳释氧效益的总价值为 6914.92 万元，其中固碳价值为 1465.75 万元，释氧价值为 5449.18 万元（表 7-9）；2012 年固碳释氧效益的总价值为 7184.53 万元，其中固定 CO_2 的价值为 1522.89 万元，释放 O_2 的价值为 5661.63 万元；2013 年固碳释氧效益的总价值为 7478.68 万元，其中固定 CO_2 的价值为 1585.24 万元，释放 O_2 的价值为 5893.44 万元；2014 年固碳释氧效益的总价值为 7793.09 万元，其中固定 CO_2 的价值为 1651.89 万元，释放 O_2 的价值为 6141.2 万元；2015 年固碳释氧效益的总价值为 8137.75 万元，其中固定 CO_2 的价值为 1724.95 万元，释放 O_2 的价值为 6412.8 万元。

表 7-9　固碳释氧效益计量结果表

年份	固定 CO_2 量/t	释放 O_2 量/t	固碳价值/元	释氧价值/元	总价值/元
2011	205 864.27	154 398.2	14 657 456	54 491 757.32	69 149 212.98
2012	213 890.7	160 418	15 228 931	56 616 321.98	71 845 253.29
2013	222 648	166 986	15 852 448	58 934 357.53	74 786 805.22
2014	232 008.2	174 006.2	16 518 896	61 412 000	77 930 895.91
2015	242 269.1	181 701.8	17 249 465	64 128 022.21	81 377 486.87

7.5.1.5　净化大气效益的计量与价值估算

根据《中国生物多样性国情研究报告》（1998）中研究表明，阔叶林和针叶林平均吸收 SO_2 能力分别为 5.91kg/（亩·a）、14.37kg/（亩·a），阔叶林和针叶林平均滞尘能力分别为 0.67t/（亩·a）、2.21t/（亩·a），根据计量模型 $E = 5.91R_1 + 14.37R_2$ 和 $E = 0.67R_1 + 2.21R_2$，计算得出 2011 年吸收 SO_2 和阻滞降尘的量分别为

1.72 万 t 和 243.91 万 t；2012 年吸收 SO_2 和阻滞降尘的的量分别为 1.72 万 t 和 243.97 万 t；2013 年吸收 SO_2 和阻滞降尘的量分别为 1.72 万 t 和 243.98 万 t；2014 年吸收 SO_2 和阻滞降尘的量分别为 1.72 万 t 和 244.0 万 t；2015 年吸收 SO_2 和阻滞降尘的量分别为 1.72 万 t 和 244.31 万 t。

根据我国《排污费征收标准管理办法》的标准，SO_2 的排污费的征收标准为 630 元/t，采用面积吸收能力法计算，按照价值计量模型 $V_{10} = \sum_{i=1}^{n}(A_iR_i)K \times 10^{-3} \times 10^{-4}$，可以计算出吸收 SO_2 的经济效益；根据《中华人民共和国林业行业标准》（LY/T 1721—2008），森林阻滞降尘的人工成本为 150 元/t，按照价值计量模型 $V_{11} = \sum_{i=1}^{n}(A_iR_i)K \times 10^{-3} \times 10^{-4}$，可以计算出阻滞降尘的经济价值。通过计算，2011 年净化大气效益 3.77 亿元，其中吸收 SO_2 效益 1083.9 万元，阻滞降尘效益 36 586.24 万元；2012 年净化大气效益 3.77 亿元，其中吸收 SO_2 效益 1084.17 万元，阻滞降尘效益 36 595.14 万元；2013 年净化大气效益 3.77 亿元，其中吸收 SO_2 效益 1084.21 万元，阻滞降尘效益 36 596.44 万元；2014 年净化大气效益 3.77 亿元，其中吸收 SO_2 效益 1084.3 万元，阻滞降尘效益 36 599.92 万元；2015 年净化大气效益 3.77 亿元，其中吸收 SO_2 效益 1085.56 万元，阻滞降尘效益 36 645.82 万元。

综上所述，磨盘山水库净化大气效益的计量与价值估算各年结果见表 7-10。

表 7-10　净化大气效益计量与价值估算结果表

年份	吸收 SO_2 量/t	阻滞降尘量/t	吸收 SO_2 效益/元	阻滞降尘效益/元	总价值/元
2011	17 204.819 4	2 439 082.8	10 839 036.22	365 862 420	376 701 456.2
2012	17 209.014 75	2 439 676.05	10 841 679.29	365 951 407.5	376 793 086.8
2013	17 209.623 15	2 439 762.45	10 842 062.58	365 964 367.5	376 806 430.1
2014	17 211.132	2 439 994.5	10 843 013.16	365 999 175	376 842 188.2
2015	17 231.051 25	2 443 054.35	10 855 562.29	366 458 152.5	377 313 714.8

7.5.2　社会效益总量与价值计量分析

如前所述，磨盘山水库生态补偿中的社会效益价值只计算创造就业机会的价值。根据调查，通过生态补偿的实施，在森林抚育和退耕还林上，相关部门投入了大量的人力，根据 2012～2015 年的用工数据统计（表 7-11），项目区的建设雇用了大量的人工，解决了数千职工的就业问题。根据调查，每人每年在森林抚育的工时数约为 110 个工时，每人每年在退耕还林的工时数约为 15～20d，本评估以 16d 计算。依照前述工程实施情况中的人力投入数量，根据计量模型 V_{12}（万元）=用工数量（工日）$\times 50 \times 10^{-4}$，2012～2015 年创造就业机会的经济价值分别为 837.13 万元、854.47 万元、865.43 万元和 834.46 万元。

表 7-11　创造就业机会的经济价值

项目	2012 年	2013 年	2014 年	2015 年
森林抚育投入人数/（人/a）	1 503	1 537	1 561	1 514
退耕还林投入人数/（人/a）	131	114	86	22
投入工时/d	167 426	170 894	173 086	166 892
创造就业机会的价值/（万元/a）	837.13	854.47	865.43	834.46

7.5.3　经济效益总量与价值计量分析

如前所述，磨盘山水库生态补偿的经济效益价值只计算林木储备效益价值。按照单位质量林产品价格 1000 元/m³ 估算，依据计量模型 $V_{14} = M_2 r_2$ 计算，2011～2015 年，林木储备价值分别为 107 490.13 万元、110 934.08 万元、114 619.65 万元、118 426.97 万元和 122 502.39 万元。2012～2015 年，林木储备增量分别为 34 439.5m³、36 855.7m³、38 073.2m³ 和 40 754.2m³，依据 1000 元/m³ 的参考价格，计算得到 2012～2015 年林木储备效益价值增量分别为 3443.95 万元、3685.57 万元、3807.32 万元和 4075.42 万元。

7.5.4　生态补偿效益总量与总价值

1. 生态效益的价值总量估算

根据生态补偿作业区内的土壤理化性质、有机质、养分以及各树种林木类型的种植面积，采用前述的实物计量模型和经济价值计量模型，计算得出了 2011～2015 年水源涵养、水土保持、改良土壤、固碳释氧、净化大气的经济价值（表 7-12）。由表 7-12 可见，生态效益中，固碳释氧、净化大气产生的经济价值比例较大。

表 7-12　生态效益价值估算情况　　　　　（单位：元）

年份	水源涵养效益	水土保持效益	改良土壤效益	固碳释氧效益	净化大气效益	总价值
2011	68 109 433	6 909 375.2	19 113 848.69	69 149 213	376 701 456.2	539 983 326
2012	70 869 553	6 911 168.2	19 119 457.27	71 845 253.3	376 793 086.8	545 538 518.6
2013	65 381 030	6 911 420.7	19 120 347.29	74 786 805.2	376 806 430.1	543 006 033.3
2014	68 129 992	6 911 859.8	19 121 253.23	77 930 895.9	376 842 188.2	548 936 189.2
2015	68 169 850	6 916 743.3	19 130 257.55	81 377 486.9	377 313 714.8	552 908 052.5

同时，从各年的生态效益的价值变化来看，虽然生态效益的经济价值呈现逐

年升高的趋势,但各项效益的年度变化幅度不大,有的甚至基本保持不变(图 7-1)。分析认为, 这主要是由于在 2011~2015 年,汇水区内的林地面积实际增加仅有 146hm^2(且有约 68hm^2 的林地为未成林地),而林地面积总量约为 11 万 hm^2,林地面积增加的基数相对较小,因而其生态效益增强作用还较弱。但是从汇水区内的林地所能产生的生态效益来看,其 2015 年的生态效益总价值已超过 5.5 亿元,相比禁伐前的 2011 年净增约 0.13 亿元。

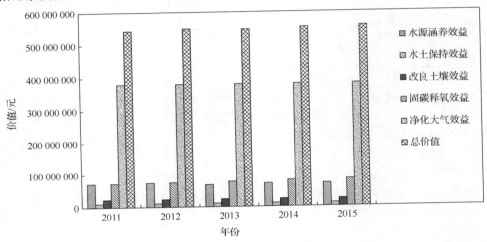

图 7-1　2011~2015 年生态效益价值变化情况图

2. 社会效益的价值总量估算

根据 7.5.2 节所述,本评估仅将各年份因生态补偿创造就业机会产生的效益计入社会效益价值计算。依据计算结果,2012~2015 年,各年份的社会效益分别为 837.13 万元、854.47 万元、865.43 万元和 834.46 万元。

3. 经济效益的价值总量估算

本评估仅将林木储备量产生的经济效益计入经济效益价值计算中。2011~2015 年林木储备价值和 2012~2015 年林木储备增量详情见 7.5.3 节。

7.6　磨盘山水库生态补偿效益价值动态变化分析

根据上述生态效益、社会效益、经济效益的计算结果,2011~2015 年,磨盘山水库生态补偿效益价值变化如表 7-13 所示。因林地面积增量较少,林地生态效益体现的经济价值尚不明显,但从林木储备效益和粮食产量来讲,其产生的经济效益明显。另外，社会效益价值因每年均能解决就业问题，其价值即为价值增量。
与 2011 年相比，自 2012 年实施生态补偿以来，生态补偿的价值总量由 2011 年的
161 488.46 万元增加到 2015 年的 178 627.66 万元，增加 17 139.2 万元，而根据补
偿资金的使用情况，实际投入约为 15 600 万元，显然，生态效益价值增量超过了
投入，取得较好的投入收益比。

表 7-13　磨盘山水库生态补偿效益经济价值汇总结果　　（单位：万元）

年份	生态效益价值	社会效益价值	经济效益价值	合计
2011	53 998.33	0	107 490.13	161 488.46
2012	54 553.85	837.13	110 934.08	166 325.06
2013	54 300.6	854.47	114 619.65	169 774.72
2014	54 893.62	865.43	118 426.97	174 186.02
2015	55 290.81	834.46	122 502.39	178 627.66

本评估还对实施生态补偿期间，即 2012~2015 年，各年份的生态补偿效益经
济价值的增量进行了分析（图 7-2）。结果发现，生态补偿效益经济价值在 2013 年
出现了下降，这主要是农业用水量和生活用水量比例调整，导致增加地表有效水
量的价值也随之发生改变。另外，根据经济总量增量的计算结果，各年份的经济
效益价值增量分别为 4836.6 万元、3449.66 万元、4411.3 万元、4441.64 万元，除
了 2013 年外，各年份的经济效益价值增量均超过了年份补偿的 3900 万元，取得
了良好的效益。

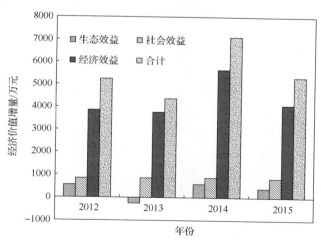

图 7-2　生态补偿经济效益价值的各年份增量变化情况图

第8章 生态补偿可持续性评估与效益提升政策措施

对磨盘山水库生态补偿工程可持续性的关注几乎贯穿于整个林业生态建设的全过程，以退耕还林工程为例，其可持续性的含义是指工程从建设伊始到完全实现其目标的周期内，各阶段的建设目标能够顺利实现。林业生态建设工程的可持续性主要是指工程能否顺利开展，并且在可以预见的将来能够持续进行下去并能够长期保持工程效果；林业生态工程政策的可持续性则是指政策能够持续不断地实行下去，直至实现政策最终目标。因此，林业生态工程政策是推行林业生态建设工程的准则和依据，工程能否持续取决于政策能否持续。当然，当前工程执行和持续性情况也会影响后续的政策制定，并最终对政策的持续性产生影响。可见，林业生态建设工程可持续性评估的本质内容主要表现为造林政策目标的有效实现程度和造林工程成果的可持续性。

磨盘山水库水源地生态补偿工程的延续是依靠持续的生态补偿政策来保障的，同时持续的磨盘山水库生态补偿工程的实施是生态补偿政策持续的表现。因此，本章从工程的可持续性评估与政策的可持续性评估两个角度探讨磨盘山水库生态补偿工程的可持续性。

8.1 居民对生态补偿政策的响应

磨盘山水库流域生态补偿工程主要涉及植树造林和退耕还林两项主要建设任务，即主要涉及林业生态建设工程，而关于林业生态建设工程效果的评估，国内绝大多数研究都是对林业生态工程建设的生态、经济与社会效益分别进行计量评估后相加，得出一个货币价值。第7章中对磨盘山生态补偿工程产生的生态、社会与经济效益进行了核算，然而，单纯的货币化计量并不能反映不同利益主体的利益诉求及满意程度，且对于森林资源价值是否需要及能否货币化，目前在理论界还存在争论，并且对计量出的这一巨额价值构成中究竟有多少是生态补偿工程本身所产生的，以及造林工程的建设如何与项目覆盖区域的社会经济发展相协调等还存在诸多问题亟待解决。同时，林业生态建设工程涉及多方利益相关者，其利益诉求点存在着很大的差异，不同的政策目标预期，必然存在不同的造林效果满意程度评价。

　　成功的生态补偿项目不仅需要适当的技术措施，更离不开当地农户和林户的支持。林户是磨盘山水库流域生态补偿工程实施过程中的直接参与者，也是造林工程实施后发挥效益的主要受益者。磨盘山水库流域生态补偿工程产生的涵养水源、保持水土及环境改善等生态功能与流域内农户的生产和生活活动是紧密相连的，许多流域治理工程从规划到实施都强调农户的参与。因此，磨盘山水库流域生态补偿工程区域的农户和林户对该政策支持与否直接决定了该区域生态补偿政策的效益。

　　目前，磨盘山水库流域生态环境仍十分脆弱，局部环境虽有改善，但稳定性较差。前期营造的林木还处在未成林或幼林阶段，短期内难有经济效益，项目区林户长远生计问题尚未解决，现行的磨盘山水库流域生态补偿政策设计仍存在诸多问题。本章通过对磨盘山水库流域生态补偿农户参与性调查的方式，了解植树造林和退耕还林项目对当地农户生计的影响，研究农户对植树造林和退耕还林项目的意愿及其相互关系，探究生态补偿政策对农户生计的影响、公众对政策接受程度以及对生态修复政策实施效果的潜在影响，识别该区域制约生态补偿政策可持续发展的主要制约因素，为该区域生态补偿后续政策的制定和完善提供强有力的实证支持和理论依据。

8.1.1　基于林户意愿的评价步骤

　　林户意愿评价是在调查访谈及资料搜集完成后，根据研究目标，进一步确立评价指标体系或评价内容，最后运用一定的评价方法或评价模型进行评价的过程，因此，建立合理的指标评价体系或评价内容就显得更为重要，其基本步骤如下：

　　1. 建立评价指标体系或评价内容

　　要根据一些基本原则选择评价指标，结合研究目标形成科学性的指标体系。具体来说评价指标体系应包括以下内容。

　　（1）评价指标体系要围绕研究目标和突出重点进行选择和设计。

　　（2）评价指标体系要包括研究内容的各个方面，不能以偏概全或有所遗漏。

　　（3）评价指标体系要便于统计分析，具有较强的客观性；同时，评价指标体系要有梯度区分，在评价结果中也要有所体现。

　　2. 进行评价和结果分析

　　（1）要根据需要选择评价案例区，案例区应具有较好的代表性。

　　（2）实地调查农户、访谈和获取资料，建立第一手资料。

（3）根据评价指标体系建立评价模型或分析方法，奠定分析基础。

（4）运用模型或分析方法进行案例评价并对评价结果进行分析和讨论。

8.1.2　问卷调查与结果

1.　调查问卷设计

参照《三峡库区退耕还林政策绩效评估及后续制度创新研究》（王孔敬，2011），本评估在小规模定性调查的基础上设计调查问卷，问题包括是否认为近年来区域的生态环境退化了、环境退化是否影响身体健康、改善环境与发展经济谁更重要、是否支持生态补偿政策、政府开展的生态补偿项目是否值得、生态补偿项目是否成功、最希望政府援助的项目是什么、生态补偿中的补助是否能弥补经济损失、每年参加植树种草的时间是多少、生态补偿项目结束后是否不会再砍伐林木等。为了提高调查效率，以定性研究的结果为依据，每个问题给出若干答案供被访者选择。为了统计分析方便，磨盘山水库汇水区内 8 个林场（所）分别随机抽取约40 名成年林区人员（指 20 岁以上的居民）进行问卷调查。同时，为了避免访问者对被访者的影响，每份问卷要求在 2～4min 完成，最终获得统计分析问卷 316份（占问卷总数的 98.2%）。调查问卷设计结果见表 8-1。

表 8-1　磨盘山水库生态补偿区域林户对生态补偿的基本态度　　（单位：%）

序号	问题项	是	不是	不清楚
1	是否支持生态补偿政策	95.6	3.8	0
2	生态补偿政策是需要改进	94.3	4.1	1.3
3	生态补偿项目是否成功	91.5	1.9	6.0
4	生态补偿项目结束后是否不会再砍伐林木	57.3	30.1	11.7
5	生态补偿项目对生活是否有帮助	92.1	5.1	2.5
6	生态补偿中的补助是否能弥补经济损失	80.7	8.9	10.1

2.　林户的主要愿望

在调查过程中，当被访林户被问到"最希望政府援助的项目是什么"时，调查结果显示（图 8-1），有 68.4%被访问的林户希望各级政府继续投资项目帮助他们造林；也有 56.3%的林户希望政府投资修公路；有 16.7%被访农民希望政府投资帮助他们开展种菜和种植经济果林；28.2%的农民希望政府投资开展畜禽养殖；另有 6.0%的林户希望政府积极帮助他们进城务工。然而，在实践中，生态补偿项目没有任何基于果林建设、发展养殖、种菜等农业生产内容与实际政策执行，这是在生态补偿的后续时期制定政策时需要认真考虑的问题，因为只有满足了居民的基本愿望，才能调动广大居民的积极性，从而推动生态补偿工程的可持续发展。

但种植经济果林、开展畜禽养殖对水源涵养改善作用较弱，特别是开展畜禽养殖还会增加污染负荷。因此，在后续开展生态补偿时，应当合理规划，积极协调好居民需求和环境保护的关系。

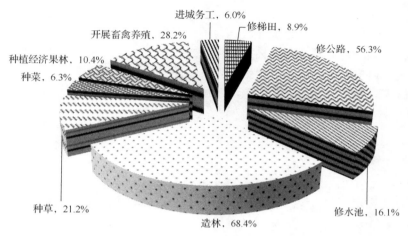

图 8-1　林户对政府帮助他们发展的环境与生产项目的愿望

与此同时，在实际调查中也发现，由于每个林场（所）的自然环境和社会经济发展水平及结构存在着差异，因此，在实地调查的 8 个林场（所）中各林场（所）林户的愿望也存在着明显的差异性。例如，在修梯田、修公路、修水池等方面，山势比较陡峭的凤凰山森林经营所地区更希望政府投资加强农业基本建设，而以丘陵为主的其他林场（所）在这方面表现不明显；在种菜、畜禽养殖等方面，靠近库区人口密集的三人班村、凤凰山森林经营所的比例明显增多，因为他们通过种菜可以获得较高的收益；在进城务工方面，永胜森林经营所中更多林户表示愿意进城务工；在造林和植草方面，位于偏僻地区林户的意愿要明显一些。

3. 调查结论

根据实际情况与调查问卷结果，磨盘山水库汇水区内的居民绝大部分为林业局职工，居民收入来源主要为工资。在实施磨盘山水库生态补偿前，主要从事木材采伐和林木经营活动，实施生态补偿后，职工的收入主要以森林抚育、植树造林为主，即仍然以工资收入为主，因此，在生态补偿工程实施前后，83% 的林户认为生态补偿可以弥补经济损失。但是，其工资水平偏低，8.2% 的林户月收入水平不足 1000 元/月，51.6% 的林户月收入水平在 1000～2000 元/月，28.5% 的林户月收入为 2000～3000 元/月的水平，仅 4% 的林户收入在 3000～4000 元/月。正是由于收入偏低，林户希望政府在果园、养殖、种菜、发展林产经济等方面积极扶持的意愿较强。同时，林户也希望继续加大力度开展植树造林并实施生态补偿政策，且有近30%的林户表示生态补偿停止后，会继续采伐树木。

归根结底，生态补偿要实现其可持续发展，就必须要按照退耕还林、植树造林、农业产业结构调整、优势（支持）产业形成的步伐，每一步都要紧密地结合起来，而不仅仅是单一的经济补偿。为了确保生态治理政策实施的成功，政策制定与规划者必须充分考虑当地林户最基本的生存与发展权利，了解他们的基本认知与态度，以便最大限度地获得参与者主体的支持和拥护（中国生态补偿机制与政策研究课题组，2007；王金南等，2016a）。

8.2 生态补偿工程的可持续性评估

磨盘山水库生态补偿工程是哈尔滨市政府权衡各方面的利益后制定的一项流域生态环境保护公共政策。作为哈尔滨市政府主导的流域环境改善行动，它主要依靠哈尔滨市政府投入财政资金来换取磨盘山水库流域生态环境的改善，以及整个流域内的经济与社会发展。根据磨盘山生态补偿工程设计，其工程的三大目标是修复和改善磨盘山水库流域生态环境（即生态目标），同时实现流域的社会和经济的发展（即社会和经济目标）。目前，开展的众多生态补偿工程研究工作，绝大部分都是从工程影响（或效益）的一个或多个角度阐述上述三大目标的实现或如何长期保持，即可持续性分析和论证（宋建军，2013）。例如，对林业生态工程的生态效益评估可归结为对工程生态目标可持续性的论证；对林业生态工程的社会和经济效益评估，包括工程的增收效果、工程覆盖区的农户生计与就业影响、经济与社会发展等评价，可归结为对工程社会与经济目标可持续性的论证。然而，任何一项公共政策的出台和实施都需要付出一定的代价，其可持续性评估必须比较其收益和成本，只有那些收益大于（或至少等于）成本的公共建设才可以持续地发展下去（王金南等，2014）。

本评估中关于磨盘山水库生态补偿工程的可持续性，就是指磨盘山水库生态补偿工程应该具有良好的投资效益，即较高的收益与成本的比。因此，本节在分析磨盘山水库生态补偿工程主要利益相关者损益的基础上，对磨盘山水库生态补偿工程的经济收益与成本进行比较。

8.2.1 主要利益主体损益分析

本评估在对磨盘山水库生态补偿工程效益评估框架的基础上，分析磨盘山水库生态补偿工程主要利益相关者的损益，主要利益相关者包括作为政策设计者和推动者的哈尔滨市政府、作为政策执行者的黑龙江省山河屯林业局及作为政策最终作用对象的工程覆盖区林户。这些利益相关者针对自己的利益诉求体现不同的行为选择。三方利益主体间的利益博弈决定了磨盘山水库生态补偿工程效益水平的实现程度，也是造林过程中产生各种行为的主要原因。

磨盘山水库生态补偿工程建设合作项目的资金渠道较为单一，哈尔滨市政府提供全部建设资金，采用哈尔滨市财政转移支付、山河屯林业局具体实施的建设模式。哈尔滨市政府力图通过山河屯林业局营造生态水源保护林改善磨盘山水库饮用水水源水量和水质，进而改善哈尔滨市城市生存环境。哈尔滨市政府作为项目的主要发起者，为项目提供全部建设资金，对项目的启动和后续持续发展起着至关重要的作用。可见，哈尔滨市政府是具有强权属性的利益相关者，哈尔滨市政府以生态效益为主要目标，是磨盘山水库生态补偿工程的发起人，其主导项目为规划、制定实施政策，指导工程实施，负责监督工程施工与成效验收，并为此提供全部建设资金。其受益表现为哈尔滨市供水水库上游集水区水源涵养与水土保持问题得到有效解决，磨盘山水库流域生态环境得到改善。其受损表现主要为造林资金的大量投入、较大的财政转移支付压力以及承担工程效果风险等。

山河屯林业局是哈尔滨市生态目标的执行者，负责生态水源保护林建设工程的宣传发动、造林工程区域确定、造林方案实施、造林后期的抚育与管护以及协调服务等具体任务。在造林过程中，山河屯林业局既要考虑生态目标，也要追求社会目标。其受益表现主要为造林覆盖区域获得大量资金投入、当地生态环境的有效改善、个人及组织政绩的提升、工程区产业结构的优化及经济转型的机遇等。其受损表现为组织协调和监督成本、与工程区农户利益冲突发生的可能性、工程质量风险等。虽然山河屯林业局主要部门在执行造林工程建设中依靠天然的行政背景，在造林过程中降低了交易成本，提高造林效率，但林业局在造林工程建设中既是造林工程的具体实施者同时又是合作造林成效评估者，双重角色的出现可能会导致政府不能有效落实补偿政策，在提高造林效率的同时也会付出内在交易成本高昂的代价。

作为生态补偿工程建设过程中的直接参与者和经济效益的主要相关者，磨盘山水库生态补偿工程覆盖区林户的参与是否积极、对生态补偿工程的态度如何将会直接决定磨盘山水库生态补偿工程的后期效果及最终效益的发挥。总体而言，在磨盘山水库生态补偿工程建设过程中，农户的受益表现为获得参与造林现金补助、解放和转移了劳动力、转变了生产和生活观念、拥有有林地面积增加、一定程度上的收入增加等；其受损表现则体现在家庭可支配林地面积减少、林地经营机会成本增加、造林政策的不确定性风险等。

8.2.2　收益成本比较

通过上述对磨盘山水库生态补偿工程利益相关者的损益分析可以看出，磨盘山水库生态补偿工程建设的不同利益群体存在着不同的利益诉求。因此，对磨盘山生态补偿工程中利益主体的经济收益与成本分别进行分析，有利于了解磨盘山生态补偿工程经济效益的本质，更有助于了解和解决生态补偿过程中不同利益群体的矛盾与冲突。

1.　直接收益成本比

从短期收益来看，磨盘山水库生态补偿工程的生态效益与社会效益目前尚不明显，磨盘山水库流域矛盾的产生最终归结于直接经济收益与成本投入之间的权衡比较。第 5 章已对磨盘山生态补偿工程效益监测中的直接经济效益进行了核算，其直接收益与成本比较如表 8-2 所示。

表 8-2　磨盘山水库生态补偿直接收益与成本比较

投资成本/万元	改善林业产业结构收益/万元	创造就业机会收益/万元	净收益/万元	收益成本比
15 600	15 012.26	3 391.49	18 403.75	1.18

注：投资成本为哈尔滨市政府在 2012～2015 年的财政投资（15 600 万元）；经济收益中的改善林业产业结构收益由山河屯林业局林木储备收益的增量汇总而得；经济收益中的创造就业机会收益由造林工程中直接用工费用核算而得。

显然，山河屯林业局是最大的受益主体，其收益成本比为 1.18，再加上工程实施后地方生态形象的改善、当地政府政绩的提高等益处，这也是地方政府非常愿意建设生态水源保护林工程的主要原因。在当前工程区土地利用的机会成本很少的状况下，工程区的农户也很欢迎此类项目的建设。需要特别指出的是，哈尔滨市政府承担了建设工程的全部成本，还不包括因财政支出转移而导致的机会成本，一方面说明哈尔滨市具备财政实力，另一方面也体现了哈尔滨市期望通过资金投入换取哈尔滨市良好的生态环境，因此，也正说明了生态效益是哈尔滨市政府的最大利益诉求。

2.　间接收益成本比

磨盘山水库生态补偿工程不仅具有明显的直接收益价值，同时具有显著的间接收益价值。间接收益主要体现为磨盘山水库水源涵养林的生态价值，如水源涵养价值、水土保持价值、改良土壤价值、固碳释氧价值和净化大气价值等。根据第 5 章生态效益核算结果，其间接收益与成本比较如表 8-3 所示。

表 8-3　磨盘山水库生态补偿间接收益与成本比较

投资成本/万元	水源涵养效益/万元	水土保持效益/万元	改良土壤效益/万元	固碳释氧效益/万元	净化大气效益/万元	间接收益/万元	收益成本比
15 600	6 816.98 (12.3%)	691.67 (1.3%)	1 913.02 (3.5%)	8 137.74 (14.7%)	37 731.37 (68.2%)	55 290.81	3.54

注：括号内数据为单项收益占间接收益的百分比。

磨盘山水库生态补偿间接收益（生态效益）与成本比为 3.54，进一步说明了造林工程的环境改善给区域带来了巨大的生态环境价值。

3. 总收益成本比

通过分析磨盘山水库生态补偿工程的直接收益成本比和间接收益成本比，结合第 5 章生态补偿效益计量结果，总体分析磨盘山水库生态补偿工程总收益（生态效益、经济效益和社会效益）与成本比较（表 8-4）。

表 8-4　磨盘山水库生态补偿总收益与成本比较

投资成本/万元	生态效益价值/万元	社会效益价值/万元	经济效益价值/万元	总收益/万元	收益成本比
15 600	55 290.81 (30.95%)	834.46 (0.47%)	122 502.39 (68.58%)	178 627.66	11.5

注：括号内数据为单项收益占总收益的百分比。

鉴于上述收益成本分析结果体现的磨盘山水库生态补偿工程的可持续性，以及磨盘山水库生态补偿工程发挥的近 5.5 亿的生态效益，磨盘山水库生态补偿工程总收益成本比高达 11.5，进一步说明了造林工程的环境改善给区域带来了巨大的生态环境价值，同时在一定程度上也促进了工程区的生产发展和生活改善，初步实现了"生态改善、生产发展、生活提高"的"三共赢"目标。基于磨盘山水库生态补偿工程收益与成本的比较分析，磨盘山水库生态补偿工程具有良好的工程可持续性。

8.3　生态补偿政策的可持续性评估

生态补偿政策的可持续性是指政策瞄准对象的生态补偿工程能够持续不断地进行下去，并能够根据新的变化情况进行适度调整或转换，直至实现最初的政策目标（郑雪梅等，2009）。目前，磨盘山水库流域生态环境依然脆弱，社会经济基础薄弱，土地贫困面积较大，土地生产力相对低下，对发展产生巨大压力。2012～

2016 年，磨盘山水库生态补偿工程中实施退耕还林 3600 多亩，其覆盖面积只是区域需要造林面积的一部分，目前的生态补偿离总体规划最终目标还有差距，总体目标的实现还需后续的不懈努力。继续实施磨盘山水库生态补偿工程，对于从根本上改变地区的自然面貌和经济面貌、实施哈尔滨市发展战略、整体国民经济和社会事业的快速发展都具有重要的战略意义。

磨盘山水库生态补偿政策的可持续性受区域林业发展政策、区域经济、社会、科技等各个方面的影响。

首先是区域的林业发展政策，1998 年长江特大洪水的发生引发了人们对长江上游森林资源滥砍滥伐局面的重视，直接推进了"天保工程"林业政策的出台，这也标志着我国进入最严格森林生态安全保护的阶段。哈尔滨市作为磨盘山流域的末端，其上游森林生态系统的各项服务尤其是水源涵养、水土保持功能对水源地的保护决定了松花江水系中拉林河的安全程度，并直接影响哈尔滨市民饮水安全。因此，无论是近期还是长期，保护磨盘山水库水源地的森林生态安全也已成为哈尔滨市政府和山河屯林业局的共识。

其次，磨盘山水库生态补偿的可持续性还受资金、技术投入的可持续性影响。磨盘山水库生态补偿区域地处经济落后地区，加之生态脆弱，自然调节和恢复能力较差，但又承担为发达地区提供水源涵养、水土保持等生态屏障的功能，其自身的发展进一步受限，无法摆脱"贫困—生态退化—更加贫困"的恶性循环，单单依靠上述造林区域自身的能力建设生态水源保护林是不现实的，其资金和技术基本上需要借助外部力量的介入。显然，哈尔滨市区经济发展水平相对较高，政治优势也十分明显，其经济和科技实力均可为磨盘山水库生态补偿政策的可持续性提供强大的支撑。综上所述，磨盘山水库水源地生态补偿的可持续性具备政策、资金和技术的可持续性。

最后，根据 8.1.2 节中基于林户意愿对生态补偿政策响应的调查问卷结果，磨盘山水库生态补偿区域 95.6%的林户被访者支持政府投入资金开展生态补偿项目，同时 94.3%的林户被访者明确表示生态补偿需要改进。同时，调查中发现 80.7%的林户认为生态补偿中的补助能弥补其经济损失，且高达 92.1%的林户认为生态补偿项目对生活有积极帮助。因此，在拥有补偿资金的财政实力下，磨盘山水库水源地生态补偿的可持续性无疑具备群众基础。同时，通过持续的生态补偿工程，保护生态环境将逐渐内化为当地村民的自觉行动，这对于社会的进步大有裨益。

值得注意的是，磨盘山水库生态补偿工程覆盖区域的自然环境也影响着磨盘山水库生态补偿的可持续性。在气候特征方面，该区域是典型的大陆性季风气候，降水多集中在夏季，冬季和春季降水很少，且冬季寒冷、持续时间长。总体而言，研究区的地形地貌和气候使得生态水源涵养林的建设和效益产出周期受到诸多限制，对造林工程的具体实施和成林后的管护要求也较高。因此，要想保证生态补偿政策的可持续性，还需提升林区应对自然条件变化的能力。

8.4 提升生态补偿效益的政策措施

8.4.1 创新生态补偿模式

近年来，我国流域生态补偿实践也越来越活跃，一些大的流域如西北地区的渭河流域、华南地区的东江流域、华东地区的新安江流域、华北地区的海河流域以及东北地区的辽河流域等纷纷开展了以政府为主导的流域生态补偿（王军锋等，2017）。近年来，浙皖两省间的新安江流域生态补偿的经验已作为我国流域生态补偿的成功案例被广为推广，本节力图对新安江跨省流域生态补偿模式进行分析与借鉴，以便为磨盘山水库水源地生态补偿提供经验。

1. 强制和自愿相结合的补偿模式

新安江流域已成为我国环保部与财政部两个中央政府级部门共同确立的全国首个跨省流域生态保护与修复的生态补偿机制试点区域。从 2012 年开始，新安江流域生态补偿试点方案已升到具体实施阶段。流域治理方案对浙皖两省的补偿主体、补偿资金来源与用途、补偿标准、考核依据等细节问题进行了较为明晰的确定。因此，新安江流域的生态补偿思路与机制对于磨盘山水库流域生态补偿工程的建设模式具有很大的借鉴价值。

在新安江跨省流域生态补偿模式中，既不完全是自上而下的由中央政府强制权力推行的支配型生态补偿，也不完全是新安江流域中浙皖两地政府平等协商的结果，可以说是一种中央强制推行与地方自愿参与的流域治理模式。首先，浙皖两省间的平等协商反映流域上下游补偿关系所具备的自愿原则；其次，在流域治理中引入中央政府作为两地生态补偿的仲裁者，尽管中央政府在两省中类似于"中间人"的角色，但在无形中折射出了浙皖两省在流域治理合作的强制因素。这种自愿的参与模式，再结合中央政府的强制介入，使得流域补偿谈判成本较低，效率更高，且在实践中更具有可操作性，不会在流域上下游政府的利益博弈过程中最终走向瓦解（张慧远等，2010；张慧远和刘桂环，2006）。

在磨盘山水库流域水资源的利用中，哈尔滨市凭借其特殊的政治及经济优势，在与周边区域合作中处于强势地位。而综合实力较弱的哈尔滨市周边区域期望通过合作获得哈尔滨市经济实力的外溢与辐射效应的扩散，从而改善自身的发展境遇。为了保障哈尔滨市的供水，常常需要动用省政府的行政权力协调磨盘山水库流域的用水指标，这种流域管理状态显然不符合区域协调发展的理念。长此以往，则会引发流域行政区域的利益冲突，也不利于流域整体福利的提高。根据博弈理论，若两地采取合作策略则双赢；若一方合作另一方不合作，短期而言，不合作方会受益，作为理性人，选择合作方最终也会选择不合作，则博弈双方的收益都为零，此举也会导致整个利益群体的损失，因此平等合作是哈尔滨市和山河屯林业局两地的必然选择。相对于磨盘山水库生态补偿工程建设规模，山河屯林业局前期开展的造林工程中还有 $68hm^2$ 的林地未成林，生态环境仍较脆弱。为实现磨盘山水库生态补偿工程的可持续性，哈尔滨市政府可以成立类似于磨盘山流域管理委员会的跨区域机构，流域的各行政区政府依托该界面自主协商、自我治理，一方面可以减少对上级政府行政权力介入的依赖性，另一方面，处于弱势一方也无须迫于上级政府的行政压力被动参与合作，其可以拥有平等的话语权，也可以根据自身利益来实现流域的环境公平（涂少云，2013）。

2. 财政转移支付保障制度的建立

在实践中，跨界生态补偿面临的最大问题之一便是如何保证补偿资金的来源和稳定性（王军锋和侯超波，2013）。新安江流域合作治理中所确立的省际政府财政资金支付方式的流域治理专项资金的专款专用机制在很大程度上为跨省流域生态补偿的关键问题提供了解决方案。一方面，浙皖两省确定的每年 1 亿元的横向财政转移支付制度，是建立在平等协商的基础上，同时也是由浙皖两省政府重复博弈确定的。另一方面，稳定的资金保障是森林上游安徽省政府进行流域生态环境治理的根本动力，是实现流域上下游经济发展和环境公平的制度保障，也是实现新安江流域资源利益共享和责任共担的一种体现。

当地政府的林业基层与管理人员对磨盘山水库水源保护区造林的调查反馈也反映出林业局对哈尔滨市政府出资造林的可持续性持不确定态度，即担心补偿资金的稳定性。没有资金的保障制度，磨盘山水库生态补偿工程可能会成为一种短期的造林运动，当地政府并不会从长远的角度科学、系统地对磨盘山水库水源保护进行规划，从而使磨盘山水库生态保护工程最终可能演变成地方政府的政绩工程。为了保持地方政府的造林积极性与信用，建议哈尔滨市政府与林业局在平等协商的基础上，根据中央政府的流域治理方针，将横向与纵向的财政转移支付协议以制度化的形式确立，成立类似于磨盘山流域保护与发展基金，并保证补偿基金的专款专用。

3. 中立的流域治理效益评估制度

依据新安江流域生态补偿机制的成功案例，第三方流域治理效益评估机构确保了浙皖两省补偿协议运作的公平和公正。从新安江流域生态补偿的考核流程可知浙皖两省的补偿方式是以两省交界断面水质的优劣情况而定的。水质监测数据结果的公正性往往成为上、下游政府争论的焦点。在新安江流域合作治理中，流域的水质监测结果最终由中国环境监测总站核定，其评估结果须向环保部与财政部提交，作为流域生态补偿效益考核的最终依据。中立的第三方评估机构，使得脆弱的上下游政府间建立的这种协议得到了执行上的约束，从而在实践中更具有可操作性（王慧，2010；王金南等，2016b）。

关于磨盘山水库流域生态补偿效益的评估也应引入中立的第三方生态补偿绩效评估机构。需要明确磨盘山水库流域生态补偿效益的考核目标，由于流域生态保护与修复工程的周期长、不确定性风险大、评估复杂等特点，两地政府可制定分阶段的效益评估目标，通过生态补偿的方式对流域分别从短期、中期、长期进行整治。流域生态保护与修复的短期目标（5年左右）为制定流域造林整体规划，提高流域的森林覆盖率；中期目标（10年左右）为调节和改善流域的水量和水质，降低流域上游水质的污染程度，有效遏制磨盘山水库富营养化趋势；长期目标（15～20年）为使流域生物多样性得到明显的改善。截至 2016 年，磨盘山水库流域生态补偿实施已近 5 年，对于磨盘山水库流域生态补偿的绩效评估可以开展水源涵养、水土保持等生态保护与修复效益的评估，其评估结果作为流域生态补偿的奖惩依据。

8.4.2　创新农户参与生态补偿制度

建立森林生态效益补偿制度对于我国的生态环境保护将起到十分重要的作用。森林生态效益补偿实践工作的广泛开展，提高了人们的森林生态与资源的保护意识，促进了森林资源的恢复和生长。经过多年的林业生态工程建设，我国森林覆盖率和蓄积量有了较大幅度的提高，森林覆盖率由 12.7%（第一次森林资源清查）提高到 21.63%（第八次森林资源清查），生态环境状况得到了一定改善。然而，我国目前的森林生态效益补偿制度在微观层面即农户层次执行还存在较大的问题。造林工程覆盖区的农户对林业生态工程的建设多持怀疑态度，大多数的农户认为林业生态工程的建设对于自身生活质量的改善没有太直接的联系，说明了林业生态工程的实施并没有使多数农户得到实惠。总体而言，农户对目前的森林生态效益补偿制度的认知与政府之间还存在较大的差异。根据调研，哥斯达黎加的林业生态效益补偿制度在农户自愿参与意愿方面的考虑与制定的政策取得了显著成效。由于我国和哥斯达黎加都是发展中国家，在经济与社会基础上具有很大的共性，因此，借鉴哥斯达黎加的成功经验对磨盘山造林工程的可持续性发展可能具有一定的现实意义。

1. 农户参与森林生态效益补偿的自主权

哥斯达黎加的森林生态效益补偿制度由负责管理和实施森林生态效益补偿制度的政府公共部门（国家森林基金）执行，而生态效益补偿模式的选择则采取的是市场机制（孙宇，2015）。哥斯达黎加的生态效益补偿机制中最具创新性的部分是农户（私有土地所有者）的自愿参与。在生态效益补偿机制的实施过程中，哥斯达黎加的农户自始至终都遵循自愿参与的准则。在该机制中，森林生态效益的卖方主要是私有土地的所有者，即农户。农户向国家森林基金提交将自己拥有的林地加入国家的森林生态效益补偿的申请，国家森林基金根据相关法律的规定受理农户的申请，并与农户签订诸如森林保护合同、造林合同、森林管理合同、自筹资金植树合同等生态效益补偿合同。国家森林基金根据合同约定的内容，按照约定的金额在一定的支付期限内支付生态效益补偿费用，而作为林地所有者的农户则按照合同约定，在其拥有的林地上履行造林、森林保护、森林管护等义务。

我国在林权制度改革后，大部分地区已将林地划分给林农自己经营，从法律层次来看，林农对确权后的林地享有用物权。从本质上而言，磨盘山水库流域生态造林将已分林到户的林地区划界定为生态公益林是对农户权益的限制，在造林规划与实施过程中需考虑农户的意愿。尽管我国在区划界定生态公益林中明确提出要时时考虑环境保护和林地所有者的收益，在生态公益林的建设过程中，关于林地的区划界定，政府应当征得林地所有者的同意。但在造林实践中，基于造林的效率和成本考量，地方林业管理机构往往没有充分考虑工程覆盖区域林农的自主选择权，另外，林农也缺少表达其意愿的途径。因此，基于生态效益优先考虑，兼顾社会效益与经济效益的磨盘山水库流域生态补偿，在造林过程中，应尊重林农参与造林工程的自主权，尽量通过市场的手段，与林农展开平等的谈判对话，并以合同的形式约束双方的权力与义务（贾若祥和高国力，2015）。

2. 公平的生态补偿标准

科学合理的生态补偿标准，是补偿主体和客体合作的基础，只有双方平等协商基础上建立的生态补偿标准，双方才能积极主动履行各自权责，积极推动生态保护建设，并能有效开展监督、考核等（周大杰等，2009）。因此，建立生态补偿的长效机制，其最基本的是先建立科学合理的补偿标准。水源地生态补偿标准的测算依据主要由水源地生态保护成本和机会成本来制定（刘桂环等，2016a）。水源地生态保护成本是指为优化水源地生态环境、保护整个流域的水量与水质所发生的各类支出，包括水利等基础设施建设、各项污染治理、水土流失治理、水土保持成本、退耕还林等林业建设成本、生态移民安置成本及水质水量检测等科研投入成本等。而机会成本主要是为了保障整个流域的经济发展，满足全社会对水资源的需求，水源地被强行要求执行严格的环境保护标准，放弃或限制引入一些不利于水源地生态系统保护的发展项目，甚至包括耕地的正常利用。为此，水源地为全流域的经济发展做出了巨大的牺牲（蔡邦成等，2008）。例如，磨盘山水库水源保护区占有山河屯林业局大量林地，其中一级保护区占地 3000hm²，二级保护区占地 20 000hm^2，依据相关法规，山河屯林业局停止了保护区内的土地开发利用项目及相关经营活动，损失了大量发展机会。另外，对于山河屯林业局而言，由于划入保护区的土地属于林业局国有资产，在目前土地权属还未变更的情况下，水库下游地区应当支付土地租金。若按临时占地林地补偿费、植被恢复费每平方米 50 元的 10%计算，应需补偿临时占地租金 115 000 万元。同时，由于山河屯林业局的白石砬、永胜森林经营所位于磨盘山水库水源地源头，山河屯林业局在林场（所）涉及的 26 521hm^2 的林地禁止了一切生产经营活动，因而黑龙江省森林工业总局给山河屯林业局减少了 3 万亩森林抚育任务，相应投入也减少了 360 万元。但根据《协议》的规定，哈尔滨市政府每年给予山河屯林业局 3900 万元的补偿资金，其补偿资金额度仅考虑了汇水区内因停止林木砍伐而减少的经济收入，未将森林抚育等林业建设成本予以充分考虑，也未考虑林业局因土地开发利用空间受限而损失的土地利用成本。因此，作为山河屯林业局来讲，其认为补偿标准相对偏低。而随着国家对生态环境保护的重视，近年来实施了一系列的林业生态保护补偿制度，如天然公益林保护工程、退耕还林等，通过给予相应补贴、资金扶持，来严格控制森林砍伐数量。因此，对于哈尔滨市政府而言，其认为山河屯林业局已经获得了国家林业政策资金的扶持，应当相应核减补偿资金额度。因此，双方应当充分友好协商，对生态补偿标准测算成本和获得的政策资金支持应当均予以考虑，科学制定补偿标准。

对于如何保证生态效益补偿支付标准的公平和公正，从哥斯达黎加的实践经验来看，其生态效益补偿支付标准并不是根据森林生态效益即生态系统服务的价值而确定，农户每公顷林地每年获得的补偿金额是由林地所有者与国家森林基金依据双方谈判签订的合同而确定。其森林生态效益补偿项目的支付标准是依据同一片土地不同用途的机会成本——主要是根据林地在畜牧业的潜在收入测算的，从长期趋势来看，该国将会逐渐根据森林发挥的各项服务价值作为生态效益补偿支付金额的参照。在生态效益补偿实践中，国家森林基金以 5 年作为一个支付周期，相应地，参与生态效益补偿的农户须把 5 年的森林生态服务权让渡给国家森林基金，通常生态效益补偿的合同以 20 年为期限，但对造林项目的补偿期限为15 年。参照哥斯达黎加生态效益补偿第一阶段（1997～2001 年）的补偿标准可知，以造林项目为例，对造林项目约合每公顷每年支付 96 美元，约合人民币 795 元/hm^2（人民币美元汇率 1998 年为 8.2791）。2001 年我国中央财政开始森林生态效益补偿的试点工作，主要用于特定区域重点防护林与特种用途林的保护和管理，其补偿标准为每年 75 元/hm^2。就目前而言，江西省曾组织专家对生态公益林的投入产出进行测算。以杉木林为例，根据杉木现行价格，每公顷的杉木砍伐后可获得90 000 元的收益，扣除杉木的营林成本和采伐成本以及各种税费（其中营林成本16 500 元，采运成本 18 000 元，税费 13 500 元），每公顷的实际收益为 42 000 元，按照杉木 25 年的轮伐期，每公顷杉木林每年的经营收益则为 1680 元，亦即生态公益林每年的补偿额应为 1680 元/hm^2，而 2011 年江西省中央财政和省级财政生态公益林补偿标准仅为 232.5 元/hm^2。然而，磨盘山水库前期生态补偿工程折合约 400 元/hm^2 的造林成本（补贴=3900 万/11.51 万 hm^2），还不到江西省造林成本的四分之一。很显然，上述数据表明，相对于哥斯达黎加的生态效益补偿支付标准而言，我国生态公益林经营者的利益远远没有得到充分的补偿。

根据激励原理，森林生态效益补偿的金额越大，对补偿对象的刺激作用就越大。根据前述分析结果，磨盘山水库生态补偿标准的下限是造林的直接建设成本，上限则是成林后的森林生态服务价值。我国森林的生态效益补偿资金总额不足的现状决定了按照森林生态服务价值的标准对农户进行补偿是不现实的，而按照补偿标准的下限又完全起不到激励农户造林的积极性，哥斯达黎加将林地利用类型的机会成本作为生态效益补偿标准则介于两者之间。综上所述，本书认为磨盘山水库生态补偿对农户的补偿模式与标准可以借鉴哥斯达黎加的生态补偿设计思路。另外，我国至今还没有出台生态效益补偿的详细规定，其补偿客体只是基于经营者对公益林管护行为的补偿性支出，即经营者因对公益林的管护行为而获得的管护费用。而依据上述对我国生态公益林投入产出的测算，管护支出仅是营林成本中很小的一部分。上述补偿关系模糊了生态补偿与管护费用之间的区别，导致将管护费用作为森林生态效益补偿的认知。因此，仅仅将管护费用作为对生态公益林经营者的补偿是不合理的，磨盘山水库生态补偿中农户至少应获得不低于其参与水源涵养林建设的直接成本和机会成本的效益补偿。

3. 多元化的森林生态效益补偿资金渠道

哥斯达黎加森林生态效益补偿项目的资金除了国家财政投入外，还形成了多元化的补偿资金渠道，包括碳交易基金、森林生物多样性保护基金以及国际援助基金等，其机构包括政府财政、私有企业、组织与个人捐赠以及国际贷款与援助机构。目前，磨盘山水库生态补偿资金唯一的来源是哈尔滨市政府的横向财政转移，单一化的补偿资金来源使得磨盘山水库流域生态效益补偿资金供给严重不足，从而不能满足当地农户参与造林受偿的需求。与哥斯达黎加的国情类似，受我国目前的经济与社会发展阶段的制约，磨盘山水库流域生态补偿工程不能完全依赖政府在建立流域生态保护与修复等保护工程上投入大量资金，应鼓励非政府机构的积极参加，这对于磨盘山水库流域生态效益补偿制度的有效实施非常重要。通过调动非政府机构保护森林的积极性，进而实现停止流域毁林和恢复流域植被的目标。因此，政府有必要在法律法规中明确规定企业、个人、非政府组织、国际组织等参与流域生态效益补偿机制的途径和方式，并为这些参与者提供相应的激励和优惠措施。

结合当地的发展现状与合作模式，要实现磨盘山水库流域森林生态效益补偿资金渠道的多元化，可从以下几方面加以完善。首先，建立磨盘山水库流域森林生态效益补偿基金，在逐步增加现有的哈尔滨市财政投入的基础上引入黑龙江省、中央财政的补偿投入；其次，在实现森林生态效益补偿常规运行的基础上，出台以税收作为森林生态效益补偿基金的主要来源的生态税，并以法律的形式使之制度化；再次，在完成以政府为主导的生态效益补偿制度的基础上，尽量完善非政府的资金来源，参考哥斯达黎加生态效益补偿的市场化机制，开展诸如碳交易与生物多样性保护等交易；最后，努力争取来自世界金融机构和各类国际环保组织的贷款与资助，进一步拓宽磨盘山水库流域森林生态效益补偿资金来源的渠道。

除了上述生态效益补偿创新机制，哥斯达黎加对中小土地所有者的重视也是磨盘山水库流域在实施森林生态效益补偿实践中的努力方向。哥斯达黎加自实施生态效益补偿的十年间（1995～2004 年），全国约 7000 户农户（约占哥斯达黎加10%的农户比例）加入了森林生态服务提供方的行列，接受该国国家森林基金的服务购买，并且在实施生态效益补偿过程中政府十分注重中小土地所有者的利益。根据该国国家森林基金的数据统计，造林项目合同的林地平均规模在 30hm^2 以下，森林保护项目合同的平均面积也没有超过 90hm^2。可见，广大中小土地所有者是参与哥斯达黎加森林生态效益补偿政策的最大受益者，这对我国农村绝大部分拥有较小土地规模的农户而言借鉴意义十分重大。因此，虽然森林生态效益补偿制度的初衷是为保护和恢复流域的生态环境而设计的，但实施造林工程之后的效益在客观上将对工程覆盖区农民贫困问题的减缓和森林资源的再分配起到重要的推动作用。这样看来，磨盘山水库流域的生态效益补偿制度不再仅仅被视为提高森林覆盖率的流域生态环境保护和修复的一项工具，而更应该被看作推动流域农村地区生产、生活和生态保持协同且可持续发展的驱动力量。

8.4.3　协调好生态系统服务与减贫的关系

生态补偿在理论上的研究及实践中的应用表明，生态补偿在项目决策中面临诸多的选择困境，即权衡关系。在各种权衡关系中，生态目标与社会目标即生态系统服务与减贫之间的权衡关乎生态补偿的最终实施效果及可持续发展（刘桂环等，2016b）。然而，生态补偿项目的设计初衷并不是为了实现减贫，而是为了实现生态系统服务的流动、供应和市场化。由于市场失灵以及生态系统的公共物品特性而引起的搭便车现象，使区域生态系统服务的供应不断退化。而磨盘山水库流域生态补偿本质上是一种交易，即下游的哈尔滨市通过付费而获得山河屯林业局提供的流域生态系统服务。由上述分析可知，磨盘山水库流域生态补偿的根本目的就是要实现流域上游对下游生态系统服务的供应。然而在流域生态补偿的具体实施过程中，生态系统服务与减贫之间存在密不可分的联系。与一般的环大都市贫困带特点不一样，磨盘山造林覆盖区域作为典型的经济落后区域，其贫困的原因比较特殊。一方面，恶劣的气候和地理环境使得区域的生态系统服务极为脆弱，从而直接抑制了该造林所在区域的经济社会发展，可称之为生态恶化抑制型贫困；另一方面，作为哈尔滨市地带的天然生态保障，为确保流域下游地区的发展，其自身在国土资源开发、流域水资源利用以及产业发展的选择等方面又受到极大的限制，在其流域生态补偿没有得到很好的实施情形下，进一步加剧了该地区的贫困状态，即又陷入一种生态保护抑制型贫困。因此，磨盘山水库流域生态补偿地区生态贫困的双重抑制效应在区域中表现得清晰而具体，尽管这不是造成该区域贫困的全部原因，但却是最核心的影响因素，其他国家的经济发展状况也表明生态恶化与贫困存在天然的密切关系。

从磨盘山水库流域生态补偿的性质来看，其补偿遵循的依据是"受益者付出"而不是"污染者付费"，因此当生态系统服务的供应者为社会底层人士且面临边缘化时，诸如合作造林等生态补偿项目往往具有很大的吸引力。另外，磨盘山水库流域生态补偿作业区域的贫困特征也显示流域生态功能的恶化与贫困的关系息息相关，并将不可避免地陷入"贫困—生态退化—更加贫困"的恶性循环，因此磨盘山水库流域生态补偿作为一种生态减贫途径会影响造林工程覆盖区社区的生态环境改善，尤其是当地农户的生计问题，并最终影响区域生态与社会的良性发展。如果生态系统服务的供应与区域减贫目标可以同时实现，则是林业生态工程包容式发展的理想状态，但在实践中极少可以同时实现，因此，决策者需要在生态系统服务和减贫之间进行权衡。基于此情形，也有学者建议尽量不要将减贫作为生态补偿的目标，国外相关研究也显示，由于生态保护项目中的消除贫困目标和生态环境改善目标仅仅是部分相关，因此，能有效实现贫困缓解目标的方案并不能有效地实现环境改善目标。在生态补偿项目中决策者过多关注减贫而没有考虑生态系统服务供给的稀缺性，最终会降低生态补偿项目本身的效率和效果。然而，尽管存在上述问题，但生态补偿提出的真正意义在于其搭建起自然系统与人类社会经济系统之间联系的桥梁，若只关注生态系统服务的稀缺性而忽视其背后的社会经济因素驱动及干扰，则有悖于生态系统服务概念提出的初衷和生态环境保护与修复实践的可持续性。长期而言，贫穷问题始终是制约我国生态保护与修复的桎梏，因此，生态减贫不仅不应该摒弃，更应作为生态补偿研究的一个重要方向。

综上分析，磨盘山水库流域生态补偿作为跨界流域生态补偿的一种实践方式，其生态减贫途径根据上文的阐述，首先，其造林建设成本、机会成本以及森林生态效益价值可作为森林生态系统服务在哈尔滨市政府和山河屯林业局间交易的基础和标准；其次，当地政府以森林生态效益补偿为条件，以经济激励的方式鼓励社区参与造林活动或改变/放弃对森林生态系统不利的行为，从而实现磨盘山水库流域水源涵养林的保护；最后，基于造林覆盖区域的贫困现状，作为生态补偿途径之一的造林工程还可以作为一种社区参与共建机制，实现造林区域的经济发展和减贫。在引入市场机制的同时，实现生态改善、生产发展、生活提高的多赢模式，即包容式发展目标将是磨盘山水库流域生态补偿工程获得关注和欢迎的根本原因及可持续发展的内在驱动力。

第9章 磨盘山水库实施生态补偿的成果与建议

9.1 磨盘山水库实施生态补偿的成果

1. 生态补偿期间水库区生态环境保持良好

生态补偿期间，磨盘山水库水环境质量保持稳定，总体满足水源地水质目标要求。根据 2011～2015 年磨盘山水库取水口断面监测得到的水质监测数据的年均值，依据《集中式饮用水水源地环境保护状况评估技术规范》（HJ 774—2015），磨盘山水库水质满足《地表水环境质量标准》（GB 3838—2002）III 类水质标准。但对于总氮、总磷指标而言，存在上升趋势，其中总磷在 2015 年 4～6 月还出现了超标的情况，其 2013～2015 年的营养状态指数分别为 46.5～47.0、43.88～45.27、42.28～50.97，也略呈上升态势。截至 2016 年 12 月，磨盘山水库基本处于中营养状态，但已接近富营养状态临界值。根据磨盘山水库流域污染源的调查评估结果，磨盘山水库流域水环境保护压力巨大，急需重点针对农业面源、农村生活污水、生活垃圾、禽畜养殖等非点源污染开展污染防治工作。

2. 生态补偿工程成效显著

2012～2015 年，山河屯林业局共得到哈尔滨市政府 16 800 万元的生态补偿资金，其中 1200 万元用于林业局解决历史资金遗留难题，其余生态补偿资金主要用于森林抚育、退耕还林，共投资 8964 万元（约占补偿资金总额的 53.3%），其次为旅游产业方面的投入约 3485 万元。近年来，山河屯林业局始终严格执行《协议》，投入大量人力、物力开展森林抚育、退耕还林、森林防火、病虫害防治、垃圾清运及河道疏浚等工作，在森林资源保护与维护生态安全上取得了显著成绩，前期生态补偿工作的实施局部改善了生态环境，获得了良好成效。与 2011 年相比，2015 年汇水区内的林地面积增加 146hm^2，森林蓄积消耗减小约 42 万 m^3，木材储量净增 150 万 m^3。由于森林资源的生态服务功能还具备水源涵养、水土保持、改良土壤、固碳释氧、净化大气等生态效益，所以，待停伐期进行的植树造林、退耕还林工程中的林地成林后，生态环境质量改善成效将会更加显著。

3. 生态补偿效益逐年增加

通过查阅大量文献，在阐释生态补偿效益内涵、服务功能价值的基础上，结合国内外在退耕还林、水土保持、造林工程等领域生态补偿绩效考核指标体系的经验，依据收集和掌握的磨盘山水库流域相关资料数据情况，本书构建了磨盘山生态补偿效益评估指标体系，其包括生态效益评估指标、社会效益评估指标和经济效益评估指标。

生态效益方面，包括水源涵养效益、水土保持效益、改良土壤效益、固碳释氧效益和净化大气效益。通过实物计量模型和经济价值计量模型，计算得出了 2011 年生态效益的经济价值为 53 998.33 万元，其中水源涵养效益的价值为 6810.94 万元、水土保持效益的价值为 690.94 万元、改良土壤效益的价值为 1911.38 万元、固碳释氧效益的价值为 6914.92 万元、净化大气效益的价值为 37 670.15 万元；2012 年生态效益的经济价值为 54 553.89 万元，其中水源涵养效益的价值为 7086.96 万元、水土保持效益的价值为 691.12 万元、改良土壤效益的价值为 1911.95 万元、固碳释氧效益的价值为 7184.53 万元、净化大气效益的价值为 37 679.31 万元；2013 年生态效益的经济价值为 54 300.6 万元，其中水源涵养效益的价值为 6538.1 万元、水土保持效益的价值为 691.14 万元、改良土壤效益的价值为 1912.03 万元、固碳释氧效益的价值为 7478.68 万元、净化大气效益的价值为 37 680.64 万元；2014 年生态效益的经济价值为 54 893.62 万元，其中水源涵养效益的价值为 6813.0 万元、水土保持效益的价值为 691.19 万元、改良土壤效益的价值为 1912.13 万元、固碳释氧效益的价值为 7793.09 万元、净化大气效益的价值为 37 684.22 万元；2015 年生态效益的经济价值为 55 290.81 万元，其中水源涵养效益的价值为 6816.99 万元、水土保持效益的价值为 691.67 万元、改良土壤效益的价值为 1913.03 万元、固碳释氧效益的价值为 8137.75 万元、净化大气效益的价值为 37 731.37 万元。从各年份生态效益的价值变化来看，生态效益的经济价值总体呈现逐年升高的趋势。

社会效益方面，本书仅考虑因生态补偿创造就业机会产生的效益价值。2012～2015 年各年份的社会效益分别为 837.13 万元、854.47 万元、865.43 万元和 834.46 万元。

经济效益方面，本书仅考虑林木储备量产生的经济效益价值。2011～2015 年，林木储备价值为 107 490.13 万元、110 934.08 万元、114 619.65 万元、118 426.97 万元和 122 502.39 万元。2012～2015 年，林木储备效益价值增量分别为 3443.95 万元、3685.57 万元、3807.32 万元和 4075.42 万元，呈现逐年增加的趋势。

根据生态效益、社会效益、经济效益的计算结果，在 2011～2015 年，生态补偿的价值总量由 2011 年的 161 488.46 万元增加到 2015 年的 178 627.66 万元，增加 17 139.2 万元。可见，因林地面积增量较少，林地生态效益体现的经济价值虽尚不明显,但从林木储备效益和粮食产量来讲,其产生的经济效益较明显。自 2012 年实施生态补偿以来,补偿资金实际投入约为 15 600 万元,生态效益价值增量明显超过了投入,取得较好的投入收益比。因此,生态补偿工程具有较好的可持续性。

4. 生态补偿项目得到了林户积极响应

成功的生态补偿项目不仅需要适当的技术措施,更离不开当地农户和林户的支持。林户是磨盘山水库流域生态补偿工程实施过程中的直接参与者,也是造林工程实施后发挥效益的主要受益者。通过对磨盘山汇水区内 8 个林场(所)分别随机抽取约 40 名成年林区人员(指 20 岁以上的居民)进行问卷调查,了解到禁伐对当地林农生计的影响。磨盘山水库生态补偿区域 95.6%的林户被访者支持政府投入资金开展生态补偿项目,同时 94.3%的林户被访者明确表示生态补偿需要改进,这是该项目在磨盘山水库生态补偿区域迅速开展的主要原因之一。同时,调查中发现 80.7%的林户认为生态补偿中的补助能弥补其经济损失,且高达 92.1%的农户认为生态补偿项目对生活有积极帮助。然而,由于林业职工收入偏低,林户希望政府在果园、养殖、种菜等方面积极扶持的意愿较强。因此,虽然经济补偿是生态补偿中不可缺少的一环,但只有把其和退耕还林、造林工程、农业产业结构调整到结合在一起,才会使生态补偿走上可持续发展的道路。确保生态治理政策实施的重要前提,就是得到林户参与者的支持和拥护,政策规划者不仅要考虑参与者的经济利益,更要提高他们的基本认知与态度,这样参与者才会积极配合政策实施,共同实现生态补偿的可持续发展。

5. 生态补偿工程需要持续实施

磨盘山水库流域生态环境依然脆弱,根据磨盘山水库及入库河流的水质监测情况,磨盘山水库存在氮磷超标、水库水质有向轻度富营养化转变的趋势,因此,为改善水库水质,需要继续加大环保投入,在继续实施停伐的基础上,大力开展退耕还林、农业面源整治等环境保护工作。然而,对于黑龙江省山河屯林业局而言,一方面,停伐势必直接引发经营活动受损、营业收入减少、林业职工失业、林区人员生活困难等一系列问题;另一方面,因开发建设项目受限,发展空间被压缩,丢失发展机会。另外,为保障磨盘山水库下游哈尔滨市区 400 万人口饮水安全,还需开展水源涵养林、退耕还林、森林抚育等建设工作。简言之,为了保障磨盘山水库饮用水水源地的生态环境质量,山河屯林业局需要在损失经济发展机会成本、林场职工面临失业的情形下,继续投入大量资金在水源保护区及汇水区内开展林业建设等生态环境保护工作,以保障水量充足、水源水质安全,进而满足磨盘山水库下游哈尔滨市区居民的生产生活用水需求。然而,根据山河屯林业局的社会经济发展现状，开展上述工作存在较大的资金缺口，单单依靠造林区域自身的能力建设水源保护林是不现实的。因此，哈尔滨市政府应对水库上游地区继续实施生态补偿，以确保磨盘山水库流域生态环境保护工作能有效落实，确保水量供应、水质得到改善。

9.2　磨盘山水库实施生态补偿的建议

1. 实施可持续的生态补偿机制，维护并提升前期工作成效

2012～2016 年，山河屯林业局始终严格执行《协议》，在植树造林、退耕还林、森林抚育、水土保持等林业建设工程和垃圾清运等环保工程上均开展了大量工作，《协议》执行期间，磨盘山水库流域水源涵养能力增强，水库出库水质稳定，满足饮用水水源水质要求。生态补偿效益评估显示，根据《协议》开展的生态补偿工程已经取得了显著社会经济效益，其生态效益已开始显现。

然而，《协议》于 2016 年 11 月 30 日到期，山河屯林业局还需要大量的资金开展水源地森林管护、退耕还林等工作。因此，需要实施可持续的生态补偿机制，建立生态补偿长效机制，构建生态补偿制度，保持补偿工作的持续性，进而提高林业工人保护环境的积极性，维持并提升生态补偿工程成效。

2. 加强生态补偿措施实施中的管制措施

由于不许可是管制措施的核心，在加强磨盘山水库水源地生态补偿的同时，应发挥好不许可具有的限制性和强制性效用，对市场经济主体下的自然资源利用和污染排放行为做出具体管理规定。在自然资源利用方面，应明确限制或禁止发展自然资源消耗过快从而导致生态系统自然生产力被破坏的经济活动，以便有效地应对当前面临的各项主要生态问题，加强磨盘山水库流域的生态保护建设。在管制措施的运用上，应该对农业生产规模超过既定水平的经济主体进行一定的约束，并要求其发展集约型用水的生态农业。在污染排放的管理上，同样应做出严格而明确的规定。通过污染排放的行政许可权审批制度的实施，对流域中允许开展的农业、工业生产活动设定准入规定，禁止污染严重的工农业生产活动的开展。

3. 建立财政转移支付保障制度

如何保证补偿资金来源的稳定性，是跨部门生态补偿实践中需要重点关注的问题。磨盘山水库水源保护区造林中当地政府的林业基层与管理人员也反映出不确定态度，担心补偿资金的保障制度不完善而带来的负面影响。

为了确保磨盘山水库流域内生态补偿措施财政补贴政策的有效实施，必须要确定三个层面上的财政补贴机制。首先是完善、加强中央政府层面财政补贴制度。磨盘山水库流域生态建设与环境保护工作不仅对山河屯林业局和哈尔滨市具有十分重要的意义，还关系黑龙江省地区自然生态系统和自然环境的质量。而加大中央财政的补贴力度，将中央财政资金主要用于开展规模大、人口多、时间长的生态保护与环境治理项目，这不仅有助于改善区域生态和环境的质量，也将有益于黑龙江省地区的环境质量改善。其次是建立健全的跨部门层面的财政补贴制度。山河屯林业局处于磨盘山水库流域上游地区，自然资源的利用与环境污染排放所产生的生态影响大，而哈尔滨市处于磨盘山水库流域下游地区，其受到生态系统的影响更大。因此，从构建区域内保护与发展的公平格局角度而言，要建立跨区域财政补贴政策。最后是建立市内的财政补贴制度，鼓励本地的个人和企业开展有利于生态建设和环境保护的自然资源利用活动。

4. 平等协商、制定科学合理的补偿标准

水源地生态效益补偿标准的测算依据主要由水源地生态保护成本和机会成本来制定。其中机会成本主要职能是为了保障整个流域的经济发展，满足社会水资源需要，水源地严格执行环境保护标准，放弃或限制引入不利于水源地生态保护的发展项目，甚至包括耕地的正常利用。

磨盘山水库水源保护区占有山河屯林业局大量林地，为了保护水源地水资源的安全，执行相关法规，山河屯林业局停止了水源地保护区内的土地开发等项目，损失大量发展机会，保护区内土地权在未做出变更的情况下仍属于林业局国有土地，水库下游区域应支付土地租金，再者，根据《协议》的规定，哈尔滨市政府每年给予山河屯林业局 3900 万元的补偿资金，这仅考虑了汇水区内因停止林木砍伐而减少的经济收入，未考虑森林抚育等林业建设成本，也未考虑林业局因土地开发利用空间受限而损失的土地利用成本，因此，对山河屯林业局而言，其认为目前的补偿标准相对偏低。

近年来，天然公益林保护工程、退耕还林等林业生态保护补偿制度的实施，体现了国家对生态环境保护的重视。因此，对于哈尔滨市政府而言，其认为山河屯林业局已经获得国家林业相关政策的资金扶持，应当减少补偿资金额度。

所以，为了使磨盘山水源地水资源得到保护的同时，其经济效益不损失，哈尔滨市政府与山河屯林业局双方应当充分友好协商，对生态补偿标准测算成本和获得的政策资金支持应当均予以考虑，科学制定补偿标准。

5. 建立强制与自愿相结合的生态补偿模式

在磨盘山水库水资源的利用中，哈尔滨市作为省会城市，处于政治和经济的强势地位，而综合实力较弱的周边区域期望通过合作关系改善自身境遇，为保障哈尔滨市的供水，经常需要协调磨盘山流域的用水指标。长此以往，这种管理状态会引起区域发展的不平衡，甚至导致利益冲突，最终造成整个群体的损失。因此，维系平等的合作关系是使哈尔滨市和林业局两方利益最大化的重中之重。磨盘山水库生态环境仍需继续建设，山河屯林业局已经开展的退耕还林、植被修复等工作中的林木大多还未成林，加之还尚余 4.9 万 hm² 的林地要开展森林抚育，远未达到有效保护生态环境的目标要求。为实现磨盘山生态补偿工程的可持续发展，哈尔滨市可以成立类似与磨盘山流域委员会的跨区域机构，搭建起各行政区政府的沟通桥梁，自主协商治理方案，这样一方面可以减少上级机关的行政压力，另一方面也可以减少地方政府对上级政府的依赖，根据自身的情况，具体问题具体分析，实现流域公平。

6. 建立中立的生态补偿效益评估制度

在新安江流域生态补偿案例中，上下游政府往往会对水质监测结果的公正性产生争议。在关于结果评估的具体方案中，流域的水质监测结果最终由中国环境监测总站核定，其评估结果须向环保部与财政部提供，作为流域补偿绩效考核的最终依据。中国环境监测总站作为新安江案例中的第三方评估机构，使上下游政府在执行方案上得到了约束，从而保证补偿绩效考核的公平和公正。

鉴于此前新安江生态补偿的成功案例，磨盘山水库也可以仿照其引入第三方生态补偿绩效评估机构的做法，来保证补偿协议运作的公平性和公正性。磨盘山流域生态保护与修复的工程量大、工期长、存在不确定风险，其评估难度较大。为了更好地明确磨盘山水库生态补偿效益的考核目标，两地政府应采取分阶段的考核目标方式，从短期、中期、长期进行整治目标规划。流域生态保护与修复的短期目标（5 年左右）为制定流域造林整体规划，提高流域的森林覆盖率；中期目标（10 年左右）。为调节和改善流域的水量和水质，降低流域上游水质的污染程度，有效遏制磨盘山水库富营养化趋势；长期目标（15~20 年）为使流域生物多样性得到明显的改善。

参 考 文 献

蔡邦成, 陆根法, 宋莉娟, 等. 2008. 生态建设补偿的定量标准——以南水北调东线水源地保护区一期生态建设工程为例. 生态学报, 28(5): 2413-2416.

蔡志坚, 蒋瞻, 杜丽永, 等. 2015. 退耕还林政策的有效性与有效政策搭配的存在性. 中国人口·资源与环境, 25(9): 60-69.

曹志平. 1994. 试论生态系统与生物体之间的全息关系. 应用生态学报, 5(2):197-203.

陈利根, 于娜, 曲欣, 等. 2008. 土地整理生态效益评价指标体系研究及应用. 安徽农业科学, 36(20): 8732-8734.

迟维韵. 1986. 关于森林生态经济效益评价的几个问题. 生态经济(中文版), (4):2-7.

福建省财政厅. 2007. 福建省闽江、九龙江流域水环境保护专项资金管理办法. [2019-01-10]. http://czt.fujian. gov.cn/zfxxgkzl/zfxxgkml/gfxwj/zhgl/200704/t20070425_4564643.htm.

河北省人民政府办公厅. 2009. 关于实行跨界断面水质目标责任考核的通知. [2018-05-01]. http://info.hebei.gov. cn//eportal/ui?pageId=1981538&articleKey=3429711&columnId=330110.

何利平. 2006. 森林生态效益评价研究存在的问题与建议. 山西科技, (5):75-76.

河南省人民政府办公厅. 2010. 河南省水环境生态补偿暂行办法. [2018-05-01]. http://www.henan.gov.cn/ zwgk/system/2010/02/11/010179254.shtml.

胡会峰, 王志恒, 刘国华, 等. 2006. 中国主要灌丛植被碳储量. 植物生态学报, 30(4):539-544.

胡廷兰, 杨志峰. 2004. 农用土地整理的生态效益评价方法. 农业工程学报, 20(5):275-280.

黄东风, 李卫华, 范平, 等. 2010. 闽江、九龙江等流域生态补偿机制的建立与实践. 农业环境科学学报, 29(增刊): 324-329.

黄炜. 2013. 全流域生态补偿标准设计依据和横向补偿模式. 生态经济(中文版), (6): 154-159.

贾若祥, 高国力. 2015. 地区间建立横向生态补偿制度研究. 宏观经济研究, (3): 13-22.

江苏省人民政府办公厅. 2007. 江苏省环境资源区域补偿办法(试行)和江苏省太湖流域环境资源区域补偿试点方案的通知. [2018-05-01]. http://www.js.gov.cn/art/2007/12/6/art_46144_2546132.html.

金春久, 李环, 蔡宇. 2004. 松花江流域面源污染调查方法初探. 东北水利水电, 22 (6): 54-55.

井学辉, 吴波, 曹磊, 等. 2005. 森林生态效益评价方法. 河北林果研究, 20(1): 80-85.

李芳圆. 2016. 哈尔滨不同类型水源地水质污染特征及供水保障策略研究. 哈尔滨: 哈尔滨工业大学.

李钧辉, 何伟相. 2002. 长江中游江西江段防洪干堤基础水患灾害致灾机制分析. 华东地质, 23(4):292-298.

李坦, 李慧, 张颖. 2013. 国家级公益林生态效益价值核算. 资源开发与市场, 29(2): 122-126.

李占军, 刁承泰. 2008. 西南丘陵地区县域农用地经济效益评价研究——以重庆江津区为例. 水土保持研究, 15(4): 105-109.

辽宁省人民政府办公厅. 2008. 辽宁省跨行政区域河流出市断面水质目标考核暂行办法的通知. [2018-05-01]. http://www.ln.gov.cn/zfxx/zfwj/szfbgtwj/zfwj2008/201109/t20110913_700490.html.

刘桂环, 文一惠, 谢婧. 2016a. 关于跨省断面水质生态补偿与财政激励机制的思考. 环境保护科学, 42(6): 6-9.

刘桂环, 谢婧, 文一惠, 等. 2016b. 关于推进流域上下游横向生态保护补偿机制的思考. 环境保护, 44(13): 34-37.

刘桂环, 张惠远, 万军. 2006. 京津冀北流域生态补偿机制初探. 中国人口·资源与环境, 16(4): 120-124.

马骞, 于兴修. 2009. 水土流失生态修复生态效益评价指标体系研究进展. 生态学杂志, 28(11): 2381-2386.

任春燕. 2009. 黄土丘陵区主要农业生态经济模式效益评估. 杨凌区: 西北农林科技大学.

任林静, 黎洁. 2013. 陕西安康山区退耕户的复耕意愿及影响因素分析. 资源科学, 36(12): 2426-2433.

山西省财政厅. 2013. 省财政对地表水跨界断面水质考核实施奖惩. [2018-05-01]. http://www.sxscz.gov.cn/

www/2013-11-28/201311281738749608.html.

宋建军. 2013. 流域生态环境补偿机制研究. 北京：中国水利水电出版社.

孙景翠，岳上植. 2010. 国有林区森林社会效益评价指标体系研究. 绿色中国, (6):26-29.

孙淑生. 2001. 无形资产运营与协同效益. 科技进步与对策, 18(7):75-76.

孙宇. 2015. 生态保护与修复视域下我国流域生态补偿制度研究. 长春：吉林大学.

涂少云. 2013. 跨区域流域生态补偿中府际间博弈关系研究. 大连：大连理工大学.

王刚，李小曼，李锐. 2006. 黄土高原水土保持社会效益评价——以定西地区为例. 经济地理, 26(4):673-676.

王慧. 2010. 新安江流域生态补偿机制构建. 经济研究导刊, (4):155-156.

王金龙. 2016. 京冀合作造林工程绩效评估创新研究. 北京：北京林业大学.

王金南，刘桂环，张惠远，等. 2014. 流域生态补偿与污染赔偿机制研究. 北京：中国环境出版社.

王金南，王玉秋，刘桂环，等. 2016a. 国内首个跨省界水环境生态补偿：新安江模式. 环境保护, 44(14): 38-40.

王金南，刘桂环，文一惠，等. 2016b. 构建中国生态保护补偿制度创新路线图. 环境保护, 44(10): 14-18.

王金南，刘桂环，文一惠，等. 2017. 以横向生态保护补偿促进改善流域水环境质量——《关于加快建立 流域上下游横向生态保护补偿机制的指导意见》解读. 环境保护, 44(10): 14-18.

王军锋，侯超波. 2013. 中国流域生态补偿机制实施框架与补偿模式研究——基于补偿资金来源的视角. 中 国人口·资源与环境, 23(2): 23-29.

王军锋，吴雅晴，姜银萍，等. 2017. 基于补偿标准设计的流域生态补偿制度运行机制和补偿模式研究. 环 境保护, 45(7): 38-43.

王孔敬. 2011. 三峡库区退耕还林政策绩效评估及后续制度创新研究. 北京：中央民族大学.

王晓光，王珠娜，余雪标，等. 2006. 退耕还林生态效益评价指标体系研究. 防护林科技, (6):51-53.

王忠良. 2015. 基于 SWAT 模型的哈尔滨磨盘山水库流域非点源污染模拟研究. 哈尔滨：东北林业大学.

吴冠岑，刘友兆，付光辉. 2008. 基于熵权可拓物元模型的土地整理项目社会效益评价. 中国土地科学, 22(5): 40-46.

吴桂月. 2012. 退耕还林效益评估与生态补偿响应研究——以河南省南召县为例. 郑州：河南农业大学.

徐维阳，周世东. 2009. 关于逆向物流社会效益评价体系的研究. 物流技术, 28(6): 75-76.

徐兆权. 2009. 农垦扶贫项目社会效益评价——指标体系和评价方法. 中国农业会计, (12): 9-13.

许铁夫. 2014. 高色湖库型水源天然有机物特征与处理技术研究. 哈尔滨：哈尔滨工业大学.

杨建波，王利. 2003. 退耕还林生态效益评价方法. 中国土地科学, 17(5): 54-58.

杨婷婷，吴新宏，姚国征，等. 2009. 草原沙化治理工程生态效益评价的指标体系构建和分析. 中国草地 学报, 31(2): 102-107.

尹新. 2012. 苏南地区物流企业生态效益评价体系研究. 生态经济(中文版), (5): 72-74.

袁海婷，张锦，喻翔. 2008. 四川省高速公路社会效益评价. 交通运输研究, (4): 213-216.

袁建林，王勃琳，薛亚娟. 2007. 管理信息系统经济效益评价. 河北科技师范学院学报(社会科学版), 6(4): 43-49.

岳治杰. 2012. 磨盘山饮用水水源地保护区划分与综合整治规划研究. 哈尔滨：哈尔滨工业大学.

张春旺. 2007. 基于模糊可变的资源规划宏观经济社会效益评价——以广东省东莞市水资源规划评价为 例. 生态经济(中文版), (10): 42-44.

张贺新. 2009. 磨盘山水库水力及水质数值分析. 哈尔滨：哈尔滨工业大学.

张惠远，刘桂环. 2006. 我国流域生态补偿机制设计. 环境保护, 24(19): 49-54.

张惠远，王金南，刘桂环，等. 2010. 基于跨界断面水质的流域生态补偿机制设计//中国环境科学学会. 中 国水污染控制战略与政策创新研讨会论文集: 254-262.

张建军. 2003. 三峡库区地质灾害防治社会效益评价框架设计. 中国国土资源经济, 16(1): 17-19.

张建辉，武锐. 2011. 风电场投资项目的社会效益评价研究. 价值工程, 30(5): 33-34.

张利飞，曾德明，张运生. 2007. 技术标准化的经济效益评价. 统计与决策, (22): 149-151.

张樑，梁凯. 2005. 泥石流防治工程经济效益评价研究. 中国地质灾害与防治学报，16(3):48-53.

张士海，陈士银，周飞. 2008. 湛江市土地利用社会效益评价与优化. 广东农业科学，(11): 43-46.

张晓锁，王语. 2009. 对土地整理生态效益评价的思考. 天津农业科学，15(2): 30-32.

张颖. 2004. 森林社会效益价值评价研究综述. 世界林业研究，17(3): 6-11.

张岳恒，黄瑞建，陈波. 2010. 城市绿地生态效益评价研究综述. 杭州师范大学学报(自然科学版)，9(4): 268-271.

张祖荣. 2001. 我国森林社会效益经济评价初探. 重庆文理学院学报，(3): 23-26.

赵桂慎，贾文涛，柳晓蕾. 2008. 土地开发整理项目生态效益评价方法研究. 生态经济(中文版)，(1): 35-37.

赵国富，王守清. 2006. 城市基础设施BOT/PPP项目社会评价方法研究. 建筑经济，(s2): 113-116.

赵国富，王守清. 2007. 基础设施BOT/PPP项目中的政府责任研究. 商场现代化，(14): 194-195.

赵同谦，欧阳志云，郑华，等. 2004. 中国森林生态系统服务功能及其价值评价. 自然资源学报，1(4): 480-491.

浙江省人民政府办公厅. 2008. 浙江省生态环保财力转移支付试行办法的通知. [2018-05-01]. http://www.zj. gov.cn/art/ 2013/1/4/art_13012_67077.html.

郑雪梅，赵颖. 2009. 辽宁、福建、浙江三省的水源地生态补偿政策及其比较. 大连干部学刊，25(11): 17-19.

中国生态补偿机制与政策研究课题组. 2007. 中国生态补偿机制与政策研究. 北京：科学出版社.

中国生物多样性国情研究报告编写组. 1998. 中国生物多样性国情研究报告. 北京：中国环境科学出版社.

仲艳维. 2014. 潮白河流域水土保持效益评价及生态补偿制度构建研究. 北京：北京林业大学.

周大杰，桑燕鸿，李惠民，等. 2009. 流域水资源生态补偿标准初探——以官厅水库流域为例. 河北农业大学学报，32(1): 10-13.

Ajang R O, Ndome C B, Ingwe R U. 2010. Cost-benefit analysis of chorkor and traditional smoking kilns for fish processing. Iranica Journal of Energy & Environment, 1(4): 520-525.

Feng F, Xu S G, Liu J W, et al. 2010. Comprehensive benefit of flood resources utilization through dynamic successive fuzzy evaluation model: a case study. Science China Technological Sciences, 53(2):529-538.

Francis L, Morgan P, Karim K. 2011. From benefits evaluation to clinical adoption: making sense of health information system success in Canada. Healthcare Quarterly, 14(1):39-45.

Guo L, Xiao Y, Xin Z. 2011. Evaluating power grid enterprise's investment returns. Energy Procedia, 5:224-228.

Ingo B, Hanka K, Gunnar B, et al. 2006. Benefit from tonsillectomy in adult patients with chronic tonsillitis. European Archives of Oto-Rhino-Laryngology and Head & Neck, 263(6):556-559.

Keijer J, Bunschoten A, Palou A, et al. 2005. Beta-carotene and the application of transcriptomics in risk-benefit evaluation of natural dietary components. Biochimica et Biophysica Acta, 1740(2):139-146.

Kramer A, Assadian O, Guggenbichler J P, et al. 2006. Risk/benefit evaluation of the use of triclosan in surgical suturing materials. Gms Hygiene & Infection Control, 1(1):15.

Mischke K, Schimpf T, Knackstedt C, et al. 2006. Potential benefit of transesophageal defibrillation: an experimental evaluation. American Journal of Emergency Medicine, 24(4):418-422.

Nadig S K, Uppal S, Mistry H, et al. 2005. Patient benefit evaluation from nasal septal surgery. Otolaryngology-Head and Neck Surgery, 133(2):262.

Pulselli R M, Simoncini E, Marchettini N. 2009. Energy and emergy based cost-benefit evaluation of building envelopes relative to geographical location and climate. Building & Environment, 44(5):920-928.

Volker H, Stefan B, Axel H, et al. 2008. Meta-analysis of randomized trials: evaluation of benefit from gemcitabine-based combination chemotherapy applied in advanced pancreatic cancer. BMC Cancer, 8(1):1-11.

Yasunaga H, Ide H, Imamura T, et al. 2006. Benefit evaluation of mass screening for prostate cancer: willingness-to-pay measurement using contingent valuation. Urology, 68(5):1046-1050.

Yates B T. 2009. Cost-inclusive evaluation: a banquet of approaches for including costs, benefits, and cost-effectiveness and cost-benefit analyses in your next evaluation. Evaluation & Program Planning, 32(1):52-54.

Zhou K P. 2011. The economic evaluation of the Haibo bay reservoir tourism. Energy Procedia, 5:774-778.